技術者に必要な
岩盤の知識

Hibino Satoshi
日比野 敏=著

鹿島出版会

はじめに

　京都竜安寺の石庭を黙って眺める若い人、それほど大きくもない庭石、ひと時の静寂をつくりだす。川原へ行けば子供が小石を投げて水切りを楽しんでいる……。この身近な石や岩は、天然の空洞では山口の秋芳洞など人々を観光で楽しませ、人工的なものでは鉄道や道路トンネルなどが便利さを与え、我々の生活と切ってもきれないほど密接な存在である。

　しかし、石と岩はどう違うのか、岩は鉄やコンクリートと比べてどんな特徴があるのか、トンネルや空洞などの地下を掘ると岩盤がどのように動くのか、橋をつくるときとトンネルを建設するときの方法の違いは何か……、などあまり知られていない。

　そこで、第Ⅰ編"岩盤はほかの材料とどう違うか"では、鉄やコンクリートなどの人工材料に比べると、岩盤は天然の産物のために不均質・異方的で、そのうえ割れ目があり、岩盤の固さや強さにはバラツキがあるということを述べる。さらに、地殻変動の激しい日本列島の岩盤はモザイク模様のように変化しており、その材料特性を求めようとしても隔靴掻痒の感、外力も岩盤の硬軟によって異なる。"材料"と"外力"の双方に、天然材料ゆえに常に不確かさが残る。

　第Ⅱ編"岩盤が動く"では、巨大な地下空洞を掘削するときに岩盤の変形などを測り、そこから分かった岩盤の動きの特徴を述べている。連続しているように見える岩盤の変形も、細かく見ると不連続であり、空洞が大きくなると等方的に見えた岩盤が異方

的な動きをするようになるなど……。しかし、岩盤はなかなかその素顔を見せてはくれない。

　第Ⅲ編"岩盤の動きを予測する"では、断面積は新幹線トンネルの約 10 倍で、アメリカの自由の女神像がすっぽり入ってしまうような巨大な空洞を初めて掘るとき、未知の分野にどのようにして挑戦していったか、研究はいかにして進められるのか、岩盤の動きをどのように予測していったかについて述べている。

　第Ⅳ編"分からないことが分からない"は、岩盤という"自然"が相手であるので、どこかに"分からないことが分かっていない部分がある"ということを述べる。安全率とは何か、安全率 3 は 2 よりも果たして安全なのか。未知な部分がつねにどこかにあり、岩盤の語ることに耳を傾けるのだが、岩盤はあまり多くを語ってはくれない。そこで変形などを測り、建設しながら設計までも変更していく"情報化設計施工"という岩盤の世界に独得な手法なども生まれてきた。

目　次

はじめに
身近な岩石・岩盤あれこれ

第I編　岩盤はほかの材料とどう違うか

1. トンネルは何でできているか ……………………………………… 2
2. 石と岩はどう違うか ………………………………………………… 4
3. 日本の岩盤はモザイク模様 ………………………………………… 7
4. 岩盤はどれだけ変形するか——弾性係数 ………………………… 14
   モノにもストレスがある ………………………………………… 14
   応力って何だ？——ミクロの世界の力の強さ ……………………… 15
   岩石を圧縮する …………………………………………………… 18
   岩盤を押さえつける ……………………………………………… 21
   岩盤の弾性係数は一筋縄でいかない …………………………… 24
   岩盤にはいくつもの顔がある …………………………………… 25
5. スケールを変えれば弾性係数も変わる …………………………… 28
   土・岩・コンクリート・鉄を比較する ………………………… 34
6. 岩盤は方向や規模により特性が違う——異方性 ………………… 36
7. 山は流れる …………………………………………………………… 40
8. 岩盤はどれほど強いか——強度 …………………………………… 46
   岩盤をせん断する ………………………………………………… 48
9. 外力としての地圧を求める ………………………………………… 53

地圧を測れば地震の発生時期を予知できる ………………… *53*
　　　地圧をどのようにして測るか ………………………………… *55*
　　　地圧の一つの大まかな目安は10：7：5 ……………………… *57*
　　　トンネルの歴史は古い ………………………………………… *61*
　　　設計には外力としての地圧が大切 …………………………… *62*
　　　岩盤工学はまだまだ若い ……………………………………… *63*
10．やはり地動説は正しい ………………………………………… *67*
11．強いものは耐えねばならぬ …………………………………… *70*
12．天然材料なるがゆえのバラツキ ……………………………… *72*
　　　材料としての岩盤の変形と強度のバラツキ ………………… *73*
　　　外力としての地圧のバラツキ ………………………………… *77*
　　　トンネル・空洞などとダム・橋とでは外力・材料の特性が違う　*80*

第Ⅱ編　岩盤が動く

1．等方性のなかの異方性 ………………………………………… *88*
　　　節理が異方性の張本人 ………………………………………… *88*
　　　三次元を二次元へ——ステレオ投影法 ……………………… *90*
　　　節理がそろうと異方性が現れ、弾性係数が2倍も変化する … *93*
　　　対象となる岩盤の広がりが大きいと異方性が現れてくる …… *94*
2．二者択一、地圧をとるか節理をとるか ……………………… *96*
3．連続の中に不連続がある ……………………………………… *100*
4．アーチコンクリートの応力はなぜ発生するか ……………… *104*
　　　応力でなく変形を主体に設計する …………………………… *108*
5．岩盤の種類により構造物に発生する応力・変形が異なる　*110*

第Ⅲ編　岩盤の動きを予測する

1. 岩盤の動きを予測する手法を作る ……………………………… *114*
2. 掘削するとはどういうことか ………………………………… *118*
   掘削相当外力が基本 ………………………………………… *119*
3. 岩盤が変化する特性をどう表現するか──非線形変形特性
   …………………………………………………………………… *123*
   掘削を疑似体験（シミュレーション）する ………………… *125*
   岩盤の動きを予測し、実際に計測する ……………………… *135*
   トンネルの世界では新しくナトム工法が導入された ……… *139*
   大空洞の世界ではきのこ型からたまご型へ ………………… *141*
4. 手法にもクセがある …………………………………………… *142*

第Ⅳ編　分からないことが分からない

1. 分からないことの内容 ………………………………………… *146*
2. 岩盤に聴く ……………………………………………………… *148*
   未知との遭遇──情報化設計施工 …………………………… *150*
3. 安全率3は2よりも安全か …………………………………… *153*
4. 自然と地下 ……………………………………………………… *157*

　　コラム
　　　［丹那トンネル──牛によるズリ運搬］　*65*
　　　［コンピュータ事始め］　*116*
　　　［空洞の岩盤調査］　*134*
　　　［潮の流れに身をまかせ］　*138*
　　　［たまご型ときのこ型］　*142*

［現場のデータを活かす］ *152*

コーヒーブレイク
　　　　［日本で最も古い石］　　*6*
　　　　［なぜ風化するか］　　*8*
　　　　［石にも目がある］　　*38*
　　　　［常識はこわい］　　*109*
　　　　［クモも安全率を知っている］　　*155*

あとがき ………………………………………… *161*
参考文献 ………………………………………… *163*

身近な岩石・岩盤あれこれ

▌溶結凝灰岩

層雲峡、大函(北海道上川町、大雪山国立公園)
写真:小出良幸

▌温泉余土

玉川温泉(秋田県仙北市田沢湖、十和田八幡平国立公園)写真:井上大栄

▌緑色凝灰岩

仏ヶ浦(青森県佐井村、名勝・天然記念物、下北半島国定公園)

▌流紋岩

浄土ヶ浜(岩手県宮古市、県の名勝、陸中海岸国立公園)

▌安山岩・集塊岩の互層（華厳溶岩）

華厳の滝（栃木県日光市、日本三大名瀑の一つ、名勝、日光国立公園）写真：武智美加

▌火山角礫岩

結氷した袋田の滝（茨城県大子町、県の名勝、日本三大名瀑の一つ）写真：三浦靖

▌緑色凝灰岩

龍王峡、青龍峡（栃木県日光市、日光国立公園）写真：日比谷啓介

▌溶結凝灰岩

吹き割りの滝（群馬県沼田市利根町、片品川、名勝・天然記念物）

結晶片岩

長瀞、岩畳(埼玉県長瀞町、荒川、名勝・天然記念物、県立長瀞玉淀自然公園)

大理石

日本にも来たことがあるミロのヴィーナス(フランス・パリ、ルーブル美術館)

大理石

階段部分の腰板の装飾が大理石(東京・新宿、三越デパート)

大理石中のアンモナイトの説明がある

花崗岩

寝覚めの床(長野県上松町、木曽川、名勝・天然記念物、中央アルプス県立自然公園)

▋礫岩

上麻生礫岩の部分拡大写真

上麻生礫岩（岐阜県七宗町、飛騨川、飛騨木曽川国定公園）
本文コーヒーブレイク：日本で最も古い石参照

▋花崗岩

鬼岩公園（岐阜県瑞浪市、
名勝・天然記念物、飛騨木
曽川国定公園）

▋玄武岩

富士の秀麗（静岡県・山梨県、富士箱根伊豆国立公園）
写真：日比野晃

▋玄武岩質溶岩流、集塊岩質泥流層

白糸の滝（静岡県富士宮市、名勝・
天然記念物、富士箱根伊豆国立公園）
写真：日比野晃

■チャート

木曽川河畔（愛知県犬山市、名勝、飛騨木曽川国定公園、背景は国宝の日本最古の犬山城）

■凝灰岩

旧帝国ホテルの中央玄関は大谷石（凝灰岩）（愛知県犬山市、明治村、登録有形文化財）

■輝石安山岩

東尋坊（福井県坂井市、名勝・天然記念物、越前加賀海岸国定公園）
写真：(社)福井県観光連盟

■花崗岩

駅前広場のベンチ（奈良県橿原神宮）

▌石英斑岩

橋杭岩（和歌山県串本町、名勝・天然記念物、吉野熊野国立公園）写真：日比野晃

▌珪質粘板岩

那智黒（黒の碁石や硯石に使われる、和歌山県那智地方）

▌花崗斑岩

那智の滝（和歌山県那智勝浦町、日本三大名瀑の一つ、名勝、世界遺産、吉野熊野国立公園）写真：武智功

▌玄武岩

玄武洞、青龍洞（兵庫県豊岡市、天然記念物、山陰海岸国立公園）

ホルンフェルス

畳岩（砂岩・頁岩の互層が熱変質してできた。山口県萩市須佐、名勝・天然記念物、北長門海岸国定公園）

石灰岩

切手にもなっている秋芳洞の黄金柱と秋吉台（山口県秋吉町、特別天然記念物、秋吉台国定公園）

砂岩

竜串海岸（高知県土佐清水市、県の名勝、足摺宇和海国立公園）

溶結凝灰岩

高千穂峡（宮崎県高千穂町、名勝・天然記念物、祖母傾国定公園）

▎砂岩泥岩の互層

鬼の洗濯板（宮崎県宮崎市青島、天然記念物、日南海岸国定公園）写真：井上大栄

▎安山岩

阿蘇山中岳火口（熊本県阿蘇市、阿蘇くじゅう国立公園）写真：井上大栄

▎石灰岩

万座毛、象の鼻（沖縄県恩納村、県の名勝・天然記念物、奄美群島国定公園）写真：武智功

▎石灰岩

首里城址の石垣は琉球石灰岩（沖縄県那覇市、史跡、世界遺産）写真：衣笠善博

第 I 編

岩盤はほかの材料とどう違うか

1．トンネルは何でできているか

　鉄橋は、その名のように鉄（鋼材）でつくった橋で、主な"材料"は鉄である。その橋に列車が通るならば、鉄橋の主な"荷重"は列車の重量や鋼材の自重で、設計するにはそれらの荷重に十分耐えうるように鋼材の太さや形を決めればよい。それではトンネルをつくるときの"材料"と"荷重"は何かと考えると、掘ったままでコンクリート壁もない素掘りトンネル（図1）を例にとれば、その主要な材料は岩盤ということになる。では、そのトンネルにかかる荷重は何かというと、トンネル上部や周辺の岩盤の重さが荷重となっており、これを"地圧（じあつ）"と呼んでいる。つまりトンネルの"材料"は岩盤であり、その岩盤が同時にトンネルの主要な"荷重"にもなっているところに大きな特徴がある。

　鉄橋は、鋼材をつぎはぎして組み立てても同じ鋼材であるので、出来上がった橋はほぼ均質で、その材料の強さなども工場で検査できるので明確である。主な荷重となる列車の重量もはっきりしている。一方、トンネルの場合には、彫刻家がノミで大理石を削ってミロのヴィーナスを作るように、トンネルの形状になるようにダイナマイトなどを使って岩盤をくり抜いてつくる。岩盤は天然材料のために概して不均質で、強さ（強度）や伸縮する変形特性（代表的なのが弾性係数、詳細は第Ⅰ編の4節：岩盤はどれだけ変形するか参照）も場所により変化しバラツキがある。削り方が良ければしっかりしたトンネルができるが、悪ければつぶれる。地圧も岩盤の種類や硬軟によって大きさが変化し、バラツキが大きい。"材料"の特性と"荷重"の大きさの二つがそろって明確

図1 掘ったままの素掘りトンネル

でない、というのがもう一つの大きな特徴である。

　トンネルの"くり抜き方"の巧拙は当然重要であるが、掘削していて突然予期しない断層が現れれば、場合によってはトンネルが崩壊することもあるので、設計者も現場で工事に当たる人も苦労する。そこで、工事をしながら周辺岩盤を観察したり変形を測って、予期しない地質の急変などを察知して、設計や施工を"その都度変えて"建設していくことになる。他の建設工事ではあまり例を見ない"情報化設計施工"（第Ⅳ編の2節：岩盤に聴く参照）という独特の手法が使われている。

　同じ建設工事であっても、このように鉄橋の建設とトンネルの建設とでは、扱うものが人工材料と天然材料と違うために、その内容は大きく異なっている。

2．石と岩はどう違うか

　内田百閒の『阿房列車』の中に次のような会話が出てくる。
「これは石だろう」
「はあ」
　ステッキの先で、別の石ころを敲(たた)いて云った。
「これも石だろう」
「はあ」
「今、波をかぶった、あれは岩だね」
「そうです」
「こっちの、小さいのでも、あれも岩だろう」
「はあ」
「これは石だぜ」
「何ですか」
「石と岩の境目はどの位の所だ」
「解りませんね」
「しかし石は石で、岩は岩で、だれもそう思っている。だから境界はあるんだよ」
「そう云う事は解りませんね、僕は」

　石や岩という言葉は常日頃使っているが、では、その違いはと言われると、なかなか答えにくい。一つの答えとしては、"山についている石を「岩」と呼び、山から離れてしまったものを「石」という"という説明が、漢字の字体からも分かりやすい[1]。そして工学の分野で石のことを"岩石"、岩のことを"岩盤"と呼んでいる。

岩盤は、ある程度大きな広がりを持っていて大地（地盤または地殻）から連続した状態の"岩"で、トンネルやダムなど土木構造物などを支える基盤を表す言葉である。岩石には割れ目などがほとんどなく、連続体と考えることができるが、岩盤には割れ目や節理などの分離面または断層（規模の大きい岩盤の破壊面で、その破壊面に沿ってずれの動きがあるもの。岐阜県の根尾谷断層は長さが 100 km にも及び、地盤のずれは大きいところでは 8 m もある）などの不連続面があって、不完全な連続体となっている場合が多い。これらの分離面や不連続面が誘因となって岩が山から離れて石となる。

図 2 は道路沿いの斜面などでよく見かける"節理"の写真である。節理は割れ目のことで、その大きさや間隔は数 cm から数十

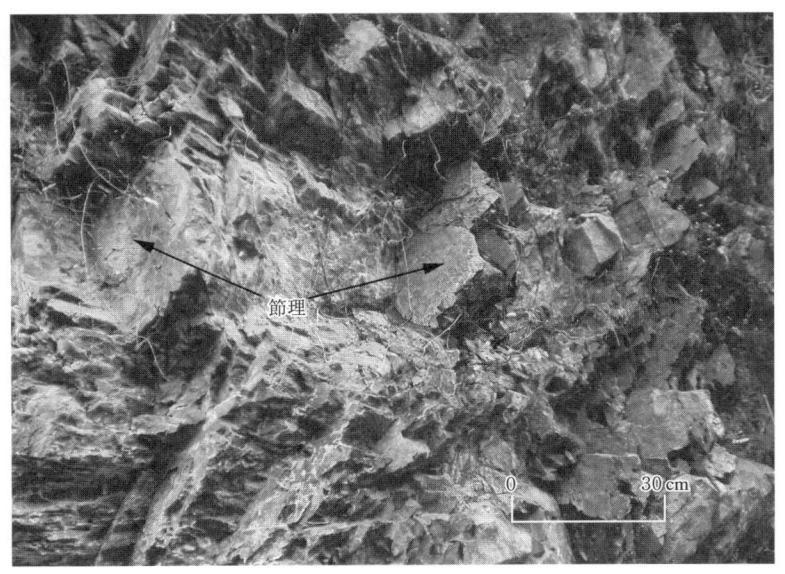

図 2　道路ぎわの斜面で見かけた岩盤の節理

cm 以上と様々で、岩盤の内部や表面のあらゆるところに存在している。成因は、地殻変動に伴う褶曲や岩体の冷却、乾燥による収縮などである。

　地球の表層は岩盤の層で覆われていて地殻と呼んでおり、その厚さは 10〜60 km 程度である。地殻の動きが地殻変動で、長年月の間には水平だった地層も波のように変形して褶曲ができたり、隆起・沈降したりする。そして数万年〜数十万年も継続すると目に見える形となり、遂にはヒマラヤ山脈などができる。測量結果によると、日本列島では山地は隆起し、平野は沈降しているといわれる。最も身近な地殻変動の現れは地震で、大地震の時には地表に断層ができて、数 cm〜数 m のずれ（変位）を生ずる（地殻変動の原因については第Ⅰ編の 9 節：外力としての地圧を求める参照）。

　節理は、割れ目の形状によって板状節理、柱状節理などと呼ばれる。兵庫県城崎近くの豊岡市の玄武洞（図 3）は、玄武岩の柱状節理の典型的な例で、国の天然記念物に指定されていて、その景観は観光資源となっている。風化が進むと節理がゆるんで図の右下に見るように角盤状に分離する。

　これらの節理の有無が"石（岩石）"と"岩（岩盤）"の特性の違いの主な原因となっており、岩盤の強度や弾性係数を低下させたり、異方性の原因（第Ⅱ編の 1 節：等方性のなかの異方性参照）となっていて、極めて重要な働きをしている。

コーヒーブレイク ［日本で最も古い石］

　日本で最も古い岩石は、上麻生礫岩の中に含まれる片麻岩の礫で、年代が 20 億年前のものといわれている。岐阜県中麻生の飛騨川の川岸で、1970 年に

図3　玄武岩のすだれのような柱状節理（玄武洞）

名古屋大学の足立守教授（当時大学院生）によって発見された。巻頭口絵写真❹ページの礫岩を参照（その礫岩は「日本最古の石博物館（岐阜県加茂郡七宗町中麻生1160）」にある）。

3．日本の岩盤はモザイク模様

　岩石の種類は、その成因によって火成岩、堆積岩、変成岩の三つに大別される（**表1**）。地球の内部には岩石がどろどろに溶けたマグマがあって、そのマグマが地表に噴出したり、地表に出てくる途中で冷えてできたのが火成岩である。マグマの成分の違いや温度・圧力、冷却速度の違いなどによって、花崗岩、閃緑岩、

表1 主な岩石の種類（原表一部変更）[2]

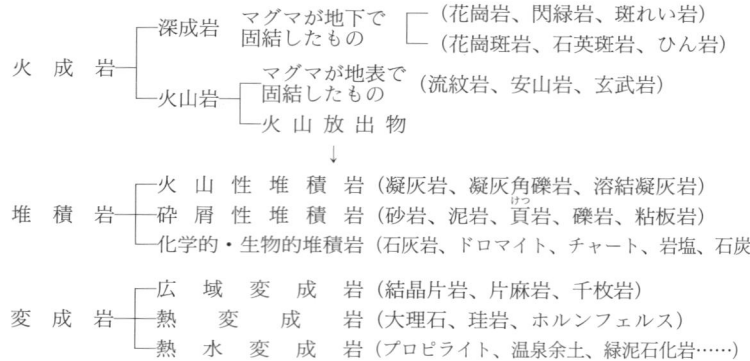

ひん岩、流紋岩、玄武岩などと名前が変わってくる。一度できた岩盤も長年月の間には寒暖の変化や水の影響で風化したり、波や風によって削り取られたり破砕され、それら壊れた岩盤が堆積する。この堆積物が積み重なって長年月経過すると、その重さで押し固められたり固結して、再び岩盤となったのが堆積岩である。堆積物の種類や成因によって、凝灰岩（名前が示すように火山灰が固まってできる）、砂岩、礫岩（各種岩石の礫が入っている）、石灰岩などがある。火成岩や堆積岩ができた後で、温度や圧力の影響によって、岩石の鉱物や組織が変化してできたのが変成岩で、片岩、片麻岩、大理石などがある。当然ながらそれぞれ岩石の種類により強度や変形特性が異なってくる。

コーヒーブレイク ［なぜ風化するか］

　私が電力中央研究所（略して電中研）に入って間もなくのとき、一杯飲んでいるときに先輩から、"なぜ花崗岩は風化するのか"と言われた。風雨に曝されれば岩石が風化するのは当然と思っていたので、返事に詰まったのを覚えて

いる。

　花崗岩は細かく見ると、石英、雲母、長石などの鉱物でできていて、鉱物ごとに温度で膨張するときの温度膨張係数や熱伝導率が異なり、結晶の大きさや形も様々である。温度変化があると鉱物ごとに膨張量が違うので、鉱物と鉱物の間で力が働いて、鉱物の間に微細な亀裂や隙間ができる。隙間に水が入れば鉱物が化学的に変質したり、入った水が凍れば隙間はさらに大きくなるなどして、長年月繰り返していると花崗岩の組織が弱くなり、遂には花崗岩が鉱物ごとにバラバラになって、砂糖のザラメみたいな"真砂（まさ）"となり、海岸ならば白砂青松の白浜になる。

　風化するのは当然と大まかに考えるのではなく、モノの現象を科学的に見る目を持てということを教えられた。

　火成岩・変成岩・堆積岩などというと、無味乾燥で楽しくないが、日本にもやってきたことがあるミロのヴィーナスは大理石（変成岩）でできているし、鍾乳洞で有名な山口県の秋芳洞の岩盤は石灰岩（堆積岩）であり、エジプトのピラミッドやスフィンクスも石灰岩でできている。花崗岩（火成岩）は産地の神戸市東灘区御影の地名から、御影石（みかげいし）などとも呼ばれ、庭の飛び石や神社の階段や墓石などによく使われている。石灰岩などはセメントの原料で、建築や土木工事には欠かすことができない。このように岩石・岩盤は非常に身近な存在であり、国の名勝や天然記念物に指定されているものも多い。代表的なものを本書の巻頭口絵写真に、"身近な岩石・岩盤あれこれ"としてまとめてあるので参照して下さい。

　トンネルを掘る場合、その岩盤が例えば花崗岩だけの一種類であれば、強度や変形特性もある程度同じで掘削も容易である。しかし、日本列島はこれまでの長年月にわたる地殻変動の影響で、

褶曲したり、沈降や隆起を繰り返して、岩盤は複雑に変化し多種類の岩石からできている。さらに風化、浸食あるいは熱によって変質したりして、岩盤の強度なども個々に変化している。したがって、ダムやトンネルなどを建設しようとする岩盤は、モザイク状に変化していることになる。この点、鉄橋などは全体が鋼材という一種類の材料でできているのと違うところである。

このように複雑な岩盤が相手なので、工事を始める前に、まず岩盤の素性を知るために、地質屋さんが地質を調査して地質図を作る。地質図は、岩盤の種類、風化の程度、分布形状などの地質、断層の大きさと広がりなどの地質構造、湧水状況などを記したものである。工事を担当する土木屋さんにとって、旅行者が地図を頼りに旅するように、この地質図がトンネルやダム、空洞などの設計の基礎資料となる。

揚水発電所（第Ⅱ編：岩盤が動くの冒頭参照）の地下空洞建設を一つの例にとると、空洞の大体の位置が決まると地表で広域の地質調査を行う。場合によってはボーリング（機械で岩盤に孔をあけて棒状の岩石、ボーリングコアまたは岩芯という（**図10**参照）、をサンプルとして取り出すこと）等も行って、地質構造と地質の概略を調べる。次に空洞予定位置に向けて調査坑（断面が高さ2m×幅2m程度の横坑）を地表から掘削して、坑壁の地質・岩盤観察をして詳細な地質図を作る。一例を**図4**に示す。

図の右下に岩盤の種類の説明があるが、この場合わずか200m四方ばかりのところに、岩盤の種類では6種類（角礫岩、珪質砂岩、ホルンフェルス、粘板岩と砂岩の互層、流紋岩、石英斑岩）もあり、さらに破砕帯（F：岩盤の中である幅をもって不規則な割れ目が集合している帯状の部分、断層よりも小規模）とシーム

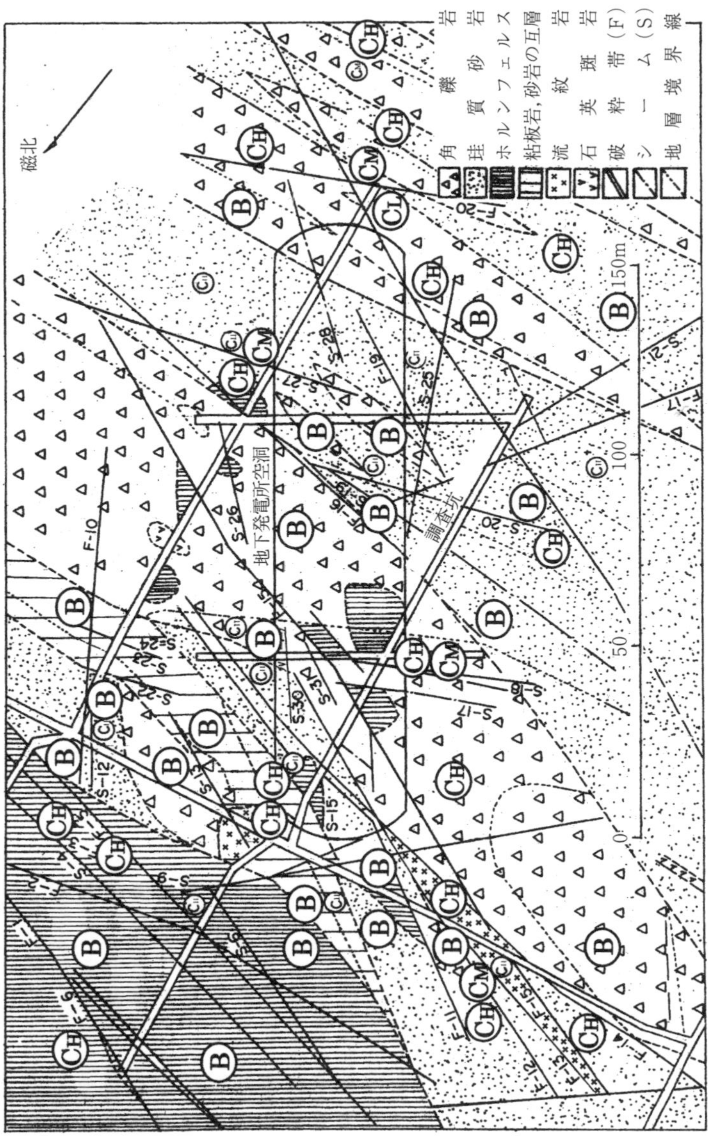

第Ⅰ編 岩盤はほかの材料とどう違うか 11

図4 モザイク模様のような地質（平面図）[3]

(S：破砕帯よりも小規模な帯状の割れ目)が十数本ずつあることが分かる。まさにモザイク模様となっている。外国では一種類の岩盤が広い範囲に分布している場合もあるが、地殻変動の激しい日本では望むべくもなく、トンネルなどの建設を困難にしている主要な原因の一つである。

　図中にⒷ、C_Hなどの記号が入っているが、これらは"岩盤分類"の岩盤等級を示している。岩盤の種類や成因だけでは岩盤の強さなどが分からないので、トンネルなどを掘ることができるかどうか判断が難しい。そこで二、三の要素で岩盤の強度や弾性係数の概略の大きさを判定して、その岩盤が例えばダムの建設に適しているか否かの、"工学的判断の目安を与える"のが岩盤分類である。

　表2はダムなどで使っている岩盤分類の一例である。この岩盤分類では、"岩盤の風化度"、"節理やきれつの状態"と"岩塊の硬さ"の三つの分類要素で、AからDまでの4段階に分類し、C級はさらに3区分し、全体で6等級となっている。"岩塊の硬さ"は、ハンマーで岩盤を叩いたときの音で見当をつける。陶器を買うときに、指ではじいてその音が高く澄んでいれば、高温で焼かれ丈夫であるが、鈍い音がすれば、焼成温度が低くてよくないことが分かるのと同じである。

　この分類を使うと、C_H、C_M級以上の岩盤ならば重力ダム(後出**図97**参照)の建設が可能で、C_L級ならばフィルダムの方が適しているなどと、岩盤等級によって建設可能なダムの種類の目安を得ることができる。

　表2の岩盤分類は主にダムの場合などに使われるが、長さが数kmにもわたる線状構造物のトンネルの場合には、"岩盤の種類"

表 2 岩盤の風化度・節理などの状態・硬さの三つの要素を肉眼観察とハンマーの打撃とで総合的に判定する電中研式岩盤分類[4]

名称	特　　徴
A	きわめて新鮮なもので、造岩鉱物および粒子は風化、変質を受けていない。きれつ、節理はよく密着し、それらの面にそって風化の跡はみられないもの。 ハンマーによって打診すれば澄んだ音を出す。
B	岩質堅硬で開口した（たとえ1mmでも）きれつあるいは節理はなく、よく密着している。ただし造岩鉱物および粒子は部分的に多少風化、変質がみられる。 ハンマーによって打診すれば澄んだ音を出す。
C_H	造岩鉱物および粒子は石英を除けば風化作用を受けてはいるが、岩質は比較的堅硬である。 一般に褐鉄鉱などに汚染せられ、節理あるいはきれつの間の粘着力はわずかに減少しており、ハンマーの強打によって割れ目にそって岩塊が剥脱し、剥脱面には粘土質物質の薄層が残留することがある。 ハンマーによって打診すれば少し濁った音を出す。
C_M	造岩鉱物および粒子は石英を除けば風化作用を受けて多少軟質化しており、岩質も多少軟らかくなっている。 節理あるいはきれつの間の粘着力は多少減少しており、ハンマーの普通程度の打撃によって割れ目にそって岩塊が剥脱し、剥脱面には粘土質物質の層が残留することがある。 ハンマーによって打診すれば多少濁った音を出す。
C_L	造岩鉱物および粒子は風化作用を受けて軟質化しており、岩質も軟らかくなっている。 節理あるいはきれつの間の粘着力は減少しており、ハンマーの軽打によって割れ目にそって岩塊が剥脱し、剥脱面には粘土質物質が残留する。 ハンマーによって打診すれば濁った音を出す。
D	造岩鉱物および粒子は風化作用を受けて著しく軟質化しており、岩質も著しく軟らかい。 節理あるいはきれつの間の粘着力はほとんどなく、ハンマーによってわずかな打撃を与えるだけでくずれ落ちる。剥脱面には粘土質物質が残留する。 ハンマーによって打診すれば著しく濁った音を出す。

と、少量の火薬を爆発させたときに岩盤中を伝わる"波（弾性波）の速度"の、二つの要素で岩盤分類を行うなど、対象構造物の特性に合った岩盤分類が各種提案されている。

図4の地質図を見ると、同じ珪質砂岩でもB級、C_H級などと変化していることが分かる。発電所空洞の位置を決めるときには、断層・シームなどをできるだけ避けて、B級やC_H級のよりよい岩盤のところを選んで配置する。同図の場合、空洞周辺の主な岩盤は珪質砂岩と角礫岩の2種類で、これらの岩盤のB級とC_H級の岩盤について岩盤試験を行い、変形特性と強度を求めて空洞を設計することになる。

4．岩盤はどれだけ変形するか──弾性係数

モノにもストレスがある

現代の社会はストレスで満ちあふれている。街を歩けば車の騒音に悩まされ、通勤電車は満員で押し合いへし合い、会社では仕事でストレスがたまる。上司に小言をくえばストレスはいやがうえにも強くなるなど、ストレスが一杯で、帰りに飲み屋で一杯やるかということになる。

ストレスは一般に悪者扱いされるが、反面、歳をとって外界との接触がなくなり、ストレスがあまりにもなさすぎるとボケるとも言われるから、物事はややこしい。

このストレスという言葉を国語辞典で調べると、"苦痛・心労・不安・恐怖などの心的・肉体的刺激に対する身体の反応"と記されている。大学生時代にモノ（物体）に生ずる"応力"を40年ほど前に習ったが、ストレスはこの応力の英語表現 stress

（ストレス）と同じ言葉で、工学の世界ではずいぶんと昔から使われていて、"ストレス"の本家は工学ではないだろうか。

応力って何だ？——ミクロの世界の力の強さ

物体に外から力（外力）が働くと、その外力に応じて物体の内部に力が生じ伝達する。その力を作用する面積当りで示したのが工学の分野の"応力"（ストレス）である。物体は連続しているので、物体内の点Pに生じる応力の状態は、考える面の方向によって様々に変化する。また、わずかでも距離が違えば応力は変化するので、ミクロな世界の状態を考えることになる。応力の種類としては圧縮応力、引張応力やせん断応力がある。

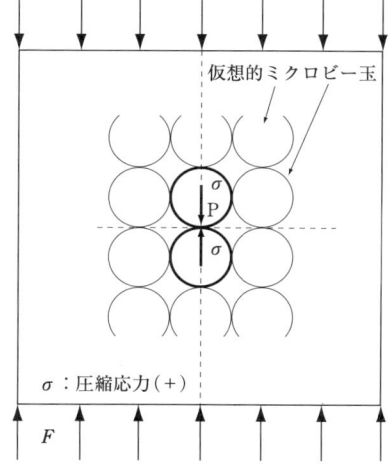

図5 接点Pで接触面に直交する力が作用し、"圧縮応力 σ"（直応力）が生じて伝達するイメージ

この応力の概念を説明するために、**図5**に見るように、物体の中に極めて小さなミクロのビー玉が一杯に詰まっている状態を想定する。外力（この場合、圧縮力）が作用すると、物体の中ではビー玉同士が接点Pで押し合って力が発生し伝達する。その押し合う力を接触面積（点接触であるので無限小に近い面積）で割った値が"圧縮応力"で、その単位はPaやkg/cm²などである。この場合、力の作用する方向と接触面とは直交しているので"直応力"と呼ばれ、記号はσ（シグマ）で表す。

　実際の物体は連続しているので、力はあらゆる方向（面）で発生し伝達する。**図6**のように、接触面が角度θ（シータ）傾いて

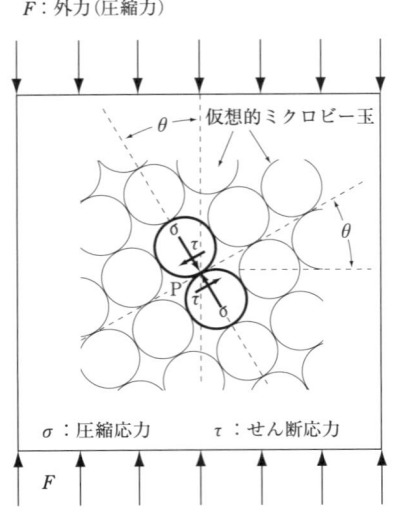

図6 接点Pで接触面と平行方向にずらそうとする力が作用し、"せん断応力τ"が発生し、直交する力で圧縮応力σが発生し伝達するイメージ

いると、ビー玉とビー玉の間では押し合う力と同時に、ずらそうとする力も働く。このずらそうとする力を接触面積で割ったものも応力で、"せん断応力"と呼ばれる。この場合、ずらそうとする力の作用方向と接触面とは平行しており、記号は τ（タウ）で表し、直応力 σ と区別する。

外力が引張力の場合は、**図7**で見るように、極めて小さなミクロのリングを想定する。リング同士の引っ張り合う力を接触面積で割った値が"引張応力"（σ）である。引張応力も接触面に直交する方向に作用し、直応力であるので圧縮応力と同じ記号の σ が使われる。圧縮応力はプラス（＋）、引張応力はマイナス（－）と表現して区別する（工学の他の分野では引張応力をプラスとして

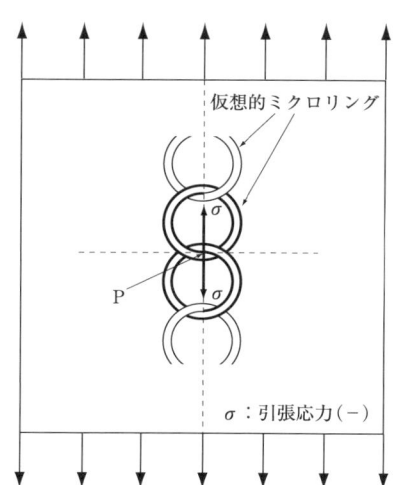

図7 接点Pで接触面に直交して引っ張る力が作用し、直応力の"引張応力 σ"が生じて伝達するイメージ

扱うこともある)。ビー玉もリングも実際に存在しているわけではなく、ミクロな世界の応力の発生と伝達を説明するための仮想である。

　鉄橋をつくっても、車や列車（外力）が通って壊れるようでは困るし、壊れないにしても橋が大きくたわんでしまっても困る。鋼材がどれだけの荷重で破断するか（この特性を表すのが"強度"）、また外力が作用するとどのように変形するのか（その特性を表す代表的なものが"弾性係数"）が重要で、強度と弾性係数が材料の二大基本特性である。これら強度や弾性係数を求めるときに、いま説明した"応力"が現れてくる。

　そこで、岩石や岩盤の"弾性係数"や"強度"をどのようにして求めるのかを次に見てみよう。

岩石を圧縮する

　岩石やコンクリートがどのように変形するかを調べるには、図8で見るような円柱状の供試体（長さL、断面積A）を作り、実験室の試験機で荷重（外力）をかけて、そのときの変形を測って調べる。供試体の軸方向に外力P（単位面積当りは$p_a = P/A$で軸圧という）が作用すると軸方向にwだけ変形し、供試体の内部に軸ひずみε_aが生ずる。軸ひずみの大きさは変形量wを全長Lで割った値に等しく$\varepsilon_a = w/L$で、単位長さ当りの変形量で単位がない無次元量である。軸ひずみが生じると同時に横方向には横ひずみ$-\varepsilon_s$（軸方向に縮む場合、横方向には伸びるので符号が逆になる）が生じ、その比$(\varepsilon_s/\varepsilon_a)$をポアッソン比と呼ぶ。供試体の側面から圧力$p_c$（周圧という）を作用させるときは三軸試験といい、周圧をかけない場合は一軸試験という。

図8中の式と説明:

$$\begin{cases} \sigma = \dfrac{\sigma_1+\sigma_2}{2} + \dfrac{\sigma_1-\sigma_2}{2}\cos 2\theta \\ \tau = \dfrac{\sigma_1-\sigma_2}{2}\sin 2\theta \end{cases}$$

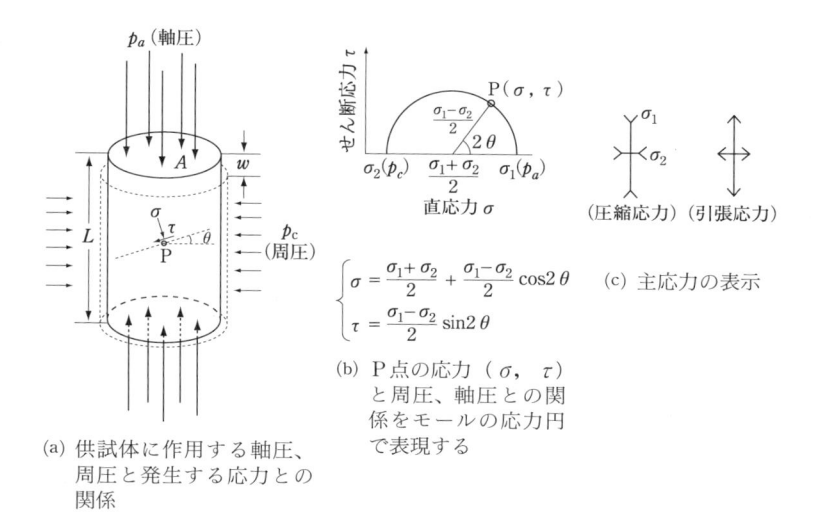

(a) 供試体に作用する軸圧、周圧と発生する応力との関係

(b) P点の応力（σ, τ）と周圧、軸圧との関係をモールの応力円で表現する

(c) 主応力の表示

図8 三軸試験時に供試体に生じる応力成分、モールの応力円と主応力の表示法

供試体に軸圧 p_a をかけると、供試体の内部には**図8**(a)に示すようにθ（シータ）だけ傾いた面上のP点では、直応力 σ（シグマ）と、ずらそうとするせん断応力 τ（タウ）が発生する。Pが圧縮力（または引張力）の場合には、σは圧縮応力（または引張応力）となる。θの値によって（σ, τ）の大きさは変化し、σが最大となるとき第一主応力、最小となるとき第二主応力と呼ぶ。二つの主応力の作用する面は直交していて、それらの面ではせん断応力はゼロとなっている。

応力（σ, τ）の大きさは**図8**(b)に示すように、横軸にσ、縦軸にτをとり、σ軸上で$(\sigma_1+\sigma_2)/2$を中心として半径$(\sigma_1-\sigma_2)/2$の円を描くと、σ軸から2θの円上の点P(σ, τ)で表される。この円をモールの応力円と呼ぶ。

図8(a)の場合、通常は $p_a > p_c$ であるので、σの大きさはθが

0度の時に最大で、90度のときに最小となり、それぞれが第一主応力 σ_1、第二主応力 σ_2 となる。つまり二つの主応力は軸圧 p_a と周圧 p_c と同じになり、$\sigma_1=p_a$、$\sigma_2=p_c$ で、それらの作用する面のせん断応力はゼロである。θ が45度のときにせん断応力は最大で $(p_a-p_c)/2$ となる。主応力は図 8 (c)のように表示する。

応力 σ とひずみ ε が比例するとき、その物体は弾性体と呼ばれ、その比例係数 E が弾性係数（または弾性率、ヤング率ともいう）で、$\sigma=E\times\varepsilon$ となる。図 9 は花崗岩と軟鋼供試体の応力とひずみの関係図（応力-ひずみ線図という）である（本書では引用図面などで kg/cm² などの単位を使用している場合、簡便のために 1 kg/cm² を 0.1 MPa に換算して表現している）。縦軸は軸圧、横軸は軸ひずみで、線図の勾配が弾性係数になる。同じ力を加えた場合、弾性係数が大きいほどひずみは小さく、変形が少ない。

図 9 (a)は花崗岩供試体の一軸試験の場合で、A→B間は勾配が一定で弾性係数 E は 70 GPa となっている。軸圧がさらに増える

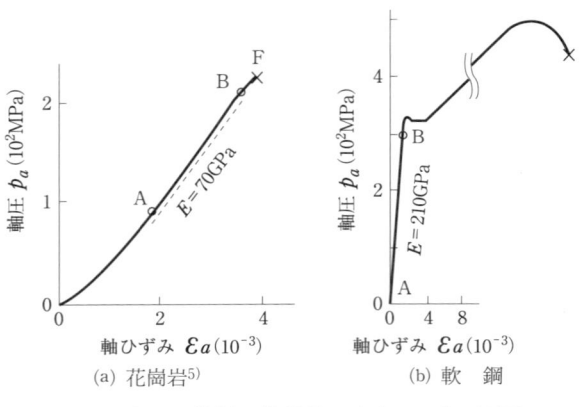

(a) 花崗岩[5]　　(b) 軟 鋼

図 9　岩石と軟鋼の供試体の応力-ひずみ線図

とF点（230 MPa）で破壊し、このときの応力の値が一軸圧縮強度（σ_c）である（軸圧が圧縮のときには圧縮強度と呼び、引張りのときには引張強度という）。図9(b)は軟鋼の一軸引張り試験の結果で、強度は花崗岩に比べてはるかに強く、応力の広い範囲で線図の勾配が一定で、弾性係数は210 GPaである。

日常の会話でよく"今日は仕事でストレスがたまったなー"などというが、仕事が外力に相当し、そのためにストレスを受けた心と体にひずみが生じ、ストレスが強すぎると病気になったりする。供試体の場合にはストレス（応力）を増やしていくと、ひずみが大きくなり遂には破壊してしまう。

岩盤を押さえつける

岩盤の弾性係数は、図8で見た岩石供試体の場合のように、実験室で試験をして求めるのは難しい。岩盤に機械で孔をあけて棒状の岩石を採取し（採れたものをボーリングコアまたは岩芯という。普通は直径が5〜10 cm程度、図10）、供試体を作って試験することが考えられる。しかし、同図で見るように割れ目や節理でボーリングコアは分離されていて、そのコアはもはや"岩盤"

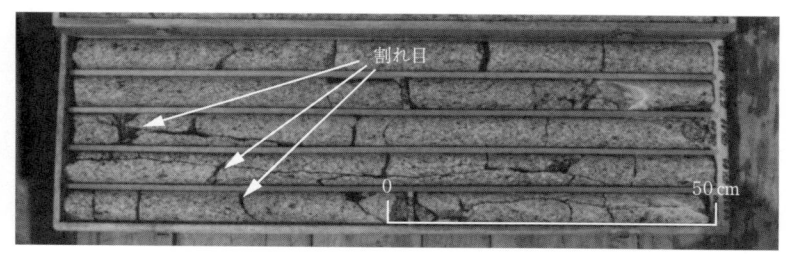

図10 ボーリングコアとその割れ目

図11 割れ目の非常に少ないエアーズロックの遠望
(写真：© buokaburra@Australia's Outback)

(節理などの分離面があっても全体としては分離していない）を代表していない。実験室で試験機にかけることができるのは"岩石"であって"岩盤"の供試体ではない。

　割れ目や節理を含んだ状態が本来の岩盤の姿であり、そのような岩盤供試体を作ろうとすると、少なくとも直径1m程度のボーリングコアが必要となり、コアを採るのも大変だし実験室で試験を行うのも容易でない。

　もちろん割れ目のほとんどない岩盤もある。例えばオーストラリアのエアーズロック（**図11**）は、高さ約330 m、周長約10 kmの岩盤（砂岩）の固まりで割れ目も少ない。このような岩盤の場合には、実験室でボーリングコアから弾性係数や強度を求めても、岩盤としての値とあまり違いはないと考えられる。しかし地殻変動の激しい日本では、いたるところに断層や褶曲があり、

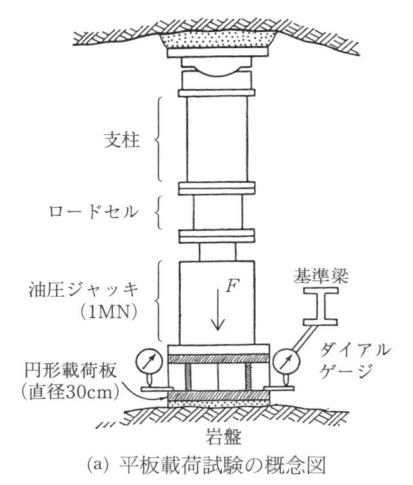

(a) 平板載荷試験の概念図
(b) 試験時の状況
（写真：岡田哲実）

図 12 現地で岩盤表面に荷重 F を作用させる平板載荷試験

岩盤は複雑に割れ目や節理を含んでいるのが一般である。このような場合には、実験室ではなく現場で岩盤試験を行って力学特性を求めることになる。

現場で岩盤の大型供試体を作って圧縮試験をする場合には、節理などを含んだ状態で作る必要があり、そのためには最低でも 1 m×1 m×1 m 程度の大きさの供試体が必要になる。これまでに二、三の実施例（後出**図 16** 参照）があるが、多大な費用と労力がかかる。そこで供試体を作る代わりに、調査坑の岩盤表面を平らにして、**図 12** で見るように、油圧ジャッキで鋼製の円形載荷板（断面積 A）を介して岩盤に荷重 F をかけて押さえつける。そのときの載荷板の沈下量 w をダイアルゲージなどで計測して弾性係数を求める（平板載荷試験という）。**図 13** が、得られた載荷強度 (F/A)-沈下量 (w) 曲線の一例である。縦軸は荷重 F を載荷

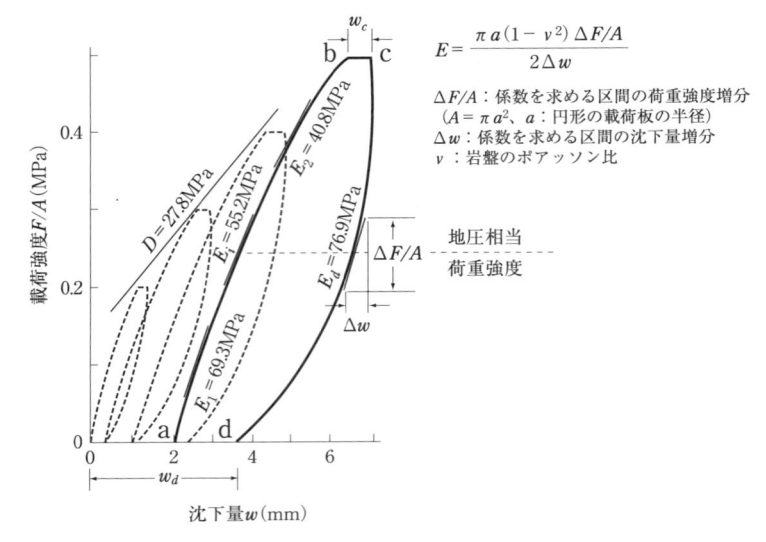

$$E = \frac{\pi a (1-v^2) \Delta F/A}{2\Delta w}$$

$\Delta F/A$：係数を求める区間の荷重強度増分
　（$A = \pi a^2$、a：円形の載荷板の半径）
Δw：係数を求める区間の沈下量増分
v：岩盤のポアッソン比

図13 平板載荷試験で得られる岩盤の載荷強度-沈下曲線の例

板の面積Aで割った載荷強度 F/A であり、横軸は載荷板の沈下量である。この場合荷重はゼロから0.2、0.3、0.4、0.5 MPaと繰り返して行っている。弾性係数Eは同図の曲線の勾配より求めるが、円盤を押しつけて岩盤を変形させているので、円盤の大きさによる補正が必要になり、図中の式を使って求める。

岩盤の弾性係数は一筋縄でいかない

岩石供試体の場合（**図9**(a)）と岩盤の場合（**図13**）を比較すると大きな違いがあることが分かる。岩石の場合（**図9**(a)）は荷重の広い範囲で直線となり（勾配が一定で、線形であるという）、弾性係数は一定であるが、岩盤の場合（**図13**）には、全体が曲線となっている（勾配が一定でなく、非線形と呼んでいる）場合が多く、弾性係数は応力の大きさとともに変化することになる

（この岩盤の非線形な変形特性が、岩盤の色々な問題を難しくしており、第Ⅲ編の3節で説明する）。

つまり岩盤では、載荷強度が変化すると弾性係数Eも変化する。載荷強度が低いと E_1 は69.3 MPaであるのが、高くなると E_2 は40.8 MPaなどと変化する。また同じ載荷強度でも荷重が増加するときの E_i は55.2 MPaであるのに、除荷するときの E_d は76.9 MPaと異なる。さらに、載荷を繰り返すと荷重がゼロになっても w_d（0→d）の変形（残留変形という）が残る。岩盤の種類によっては、荷重を一定（b→c）にしておいても、時間とともに変形が増大して w_c（クリープ変形という）を生ずる。図中のDは階段状に荷重を増やして載荷したときの載荷強度-沈下曲線の包絡線の勾配を示し、"変形係数"と呼ばれる。

図13の場合、載荷時の曲線は上方に凸な形となっているが、岩盤の種類によっては下方に凸な形状を示す場合もある。

このように複雑な現象に影響する最も大きな要因は、岩盤中の節理や割れ目、岩盤の硬軟の違いによる影響などであると考えられる。

岩盤にはいくつもの顔がある

岩盤の弾性係数の値は、載荷レベルの大きさ、載荷が増加・減少過程のどちらか、などの条件によって変化し、さながら江戸川乱歩の小説で、『怪人二十面相』が時・所によって様々に変装して出現するように変化するので、常に荷重条件を明らかにしておく必要がある。

鉄橋をつくる場合と比較すると、鋼材は**図9**(b)のように、応力の広い範囲で弾性係数は一定であるので、部材の弾性係数は一定として設計することができる。しかしながら、岩盤の弾性係数は

荷重の大きさで値が変化するので、一定としては扱えない。さらに、深いトンネルや大規模な空洞では、掘削によって岩盤の応力が大きくなるので、岩盤の破壊状態まで考慮する必要があるところが大きな違いである（第Ⅲ編の2節を参照）。

　図13に見たように、弾性係数が荷重の大きさや増加・減少によって異なるので、設計に際しては、対象とする構造物の応力状態を考えて弾性係数を決めることになる。平板載荷試験を行うときの載荷強度の大きさも、その対象とする岩盤に作用する荷重強度または地圧相当応力の1～2倍のレベルとし、橋脚やダムなど岩盤に荷重が加わるような構造物の場合には、載荷過程の弾性係数 E_i を、地下発電所空洞など掘削して荷重が抜ける（もちろん空洞の形状により応力集中も生ずるが）場合には、除荷過程の弾性係数 E_d を使っている場合が多い。またアーチダムなどで、一挙に水位を上げないで徐々に繰り返し湛水していくときには変形係数 D も使うなど、構造物の特徴に応じて使い分けている。

　平板載荷試験には二、三の問題点がある。**図8**の岩石供試体の場合には応力はどの断面をとっても同じであるが、平板載荷試験を行うときの載荷板直下の岩盤の応力分布は、均等になっていないことがその一つである。普遍的な特性を求めるには、均等な応力のもとでの変形を求める必要がある。しかし、硬い鉄製の円形載荷板で載荷すると**図14**で見るように、岩盤面に発生する応力は載荷板の外縁で大きく中央で小さい。岩盤面の沈下はこのように不均一な応力状態のもとで求めた結果であり、また載荷面と直交する方向の岩盤内の応力（地圧）は通常は不明である。

　二つ目に、岩盤表面の問題がある。岩盤表面は調査坑を掘削するときの発破によって割れ目が入っている。この割れ目で損傷を

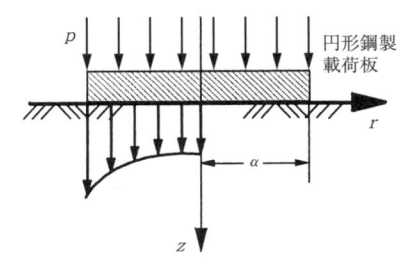

図14 平板載荷試験での載荷板直下の岩盤応力は均等な分布をしていない[6]

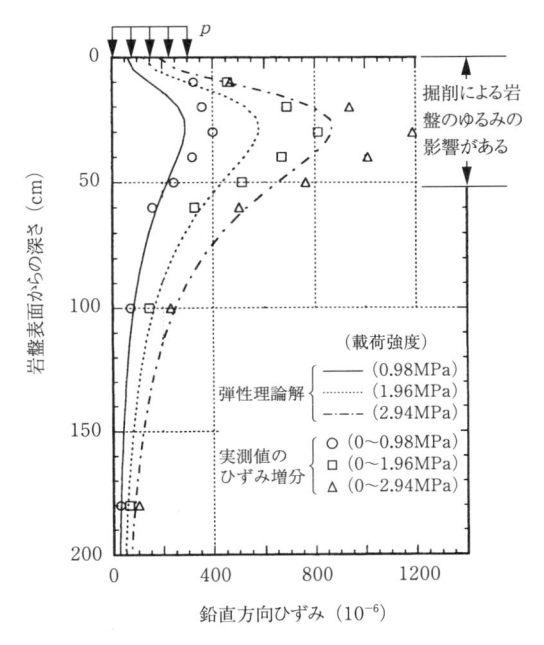

図15 岩盤表面近くの実測ひずみは、掘削によるゆるみのために理論値より大きい(等変位載荷、60 cm 円盤、原図一部変更)[7]

受けてゆるんだ岩盤は極力削り取って試験するが、完全に除去することは困難である。この影響を示す一例が**図15**である。この図は節理の少ないシルト岩で平板載荷試験(直径60 cmの鋼製載荷板使用)を行ったときの、載荷板直下の岩盤のひずみ分布を示している。弾性理論による結果(実線、点線など)と実測したひずみ(○、□、△)を比較すると、深度が約60 cmより深いところでは両者の値はほぼ一致しているが、それより浅いところでは実測したひずみの方が大きくなっている。この原因は、掘削したときの発破による岩盤表面のゆるみが50 cm程度の深さまで影響しているからと考えられる。

　三つ目には載荷板の大きさの影響があるが、これについては次節で述べる。

5. スケールを変えれば弾性係数も変わる

　平板載荷試験の載荷板は直径が普通は30〜60 cm程度で、その面積Aは0.071〜0.28 m^{2}程度である。一方、ダムを例にとれば、ダム底面が岩盤に接する面積は数千 m^{2}で、試験時の面積に比べて桁違いに大きい。小さな面積で載荷した場合と大きな面積で載荷した場合、弾性係数は同じかという問題がある(サイズ効果またはスケール効果という)。このサイズ効果についての一例を次に見てみよう。

　No.6地点の地下発電所の空洞建設(**表11**(p.86)参照)のときに、直径30 cmの円形載荷板を使った平板載荷試験($A=0.071$ m^2)のほかに、1 m×1 mの角板の載荷板を使った平板載荷試験($A=1$ m^2)、岩盤三軸試験($A=1$ m^2)、水室試験($A=$

(a) 岩盤三軸試験の概念図

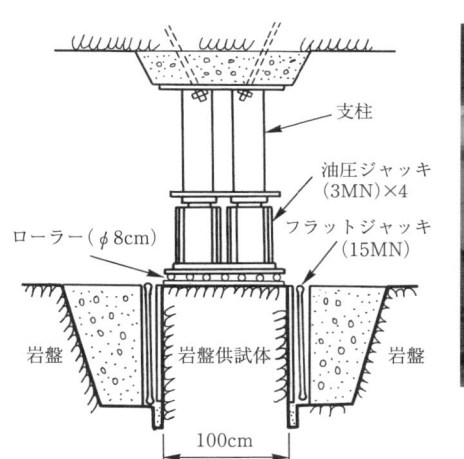

(b) 岩盤の供試体
(写真:東京電力(株))

図 16　岩盤三軸試験の例（No. 6 STS 地点）

$56.5 m^2$）が行われた。

　岩盤三軸試験（**図 16**）は 1 m 立方体の岩盤供試体を切り出して行った。鉛直方向の軸荷重は油圧ジャッキ 4 台（合計軸力 12 MN）で、周圧は四つの側面をフラットジャッキ（1 m×1 m の正方形をした薄い鉄板製の氷枕のような袋に入った油で圧力をかけるジャッキ、容量 15 MN）により載荷して、種々の荷重条件下での弾性係数を求めた。水室試験（**図 17**）は直径 2.6 m の竪穴に作った水室（直径 2 m、長さ 9 m）に水圧をかけて、周辺岩盤の変形を測定して弾性係数を求めた。平板載荷試験と岩盤三軸試験は同一場所で、水室試験は岩質がほぼ同じ別の場所で行われた。岩盤は主に B 級の花崗閃緑岩と斑状細粒閃緑岩である。それらの試験から得られた結果が**図 18** である。

　試験方法によって岩盤内の応力状態は同じではないが、30 cm の載荷板の場合に弾性係数は約 11 GPa であるのが、岩盤三軸試

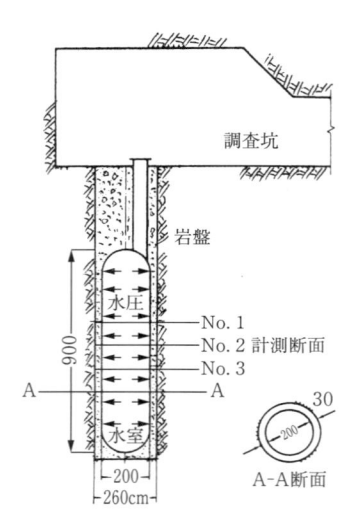

図17 水室試験の例[8]

弾性係数 E (GPa)				
弾性波速度試験 (円柱供試体)(岩石)	40～50の範囲			湿潤状態
一軸圧縮試験 (円柱供試体)(岩石)	15～30の範囲			湿潤状態 $\sigma=0\sim9.8$MPa
水室試験 $A:56.5\text{m}^2$	約21			水室の直径：2m $\sigma=1.96\sim2.94$MPa
平板載荷試験 (1m角板) $A:1.0\text{m}^2$	約18			$\sigma=4.9\sim5.88$MPa
三軸圧縮試験(岩盤) 静水圧 $A:1.0\text{m}^2$	約15			$\sigma=4.9\sim7.35$MPa
三軸圧縮試験(岩盤) 一軸圧縮 $A:1.0\text{m}^2$	約10			$\sigma=7.84\sim9.8$MPa
平板載荷試験 (30cm円盤) $A:0.07\text{m}^2$	約8			$\sigma=4.9\sim5.88$MPa

図18 各種試験により求めた弾性係数 E - 載荷面積が大きくなると E は大きくなる（サイズ効果）（花崗閃緑岩の場合）[9]

験の静水圧（軸圧と周圧が同じ圧力）の載荷では約15 GPa、水室試験では約21 GPa である。載荷面積 A が大きくなると弾性係

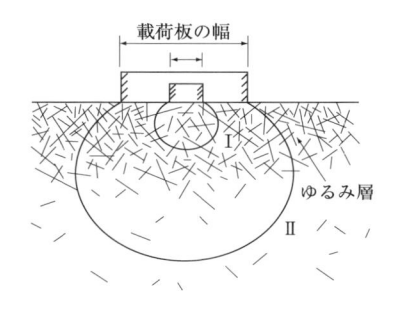

図 19 載荷板が大きくなると荷重が岩盤の深いところまで伝達する（原図一部変更）[10]

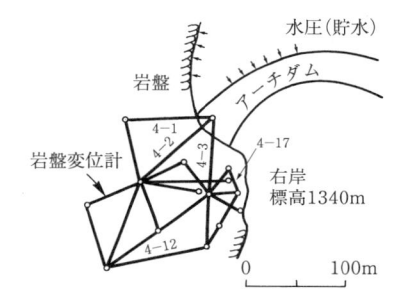

図 20 貯水による岩盤の変形を岩盤変位計で測る（黒部第四ダム）（原図一部変更）[11]

数も大きくなる傾向がみられる。この原因の一つは**図 19**に見るように、載荷面積が大きくなると載荷応力の影響範囲が岩盤の深くまで及び、岩盤表面のゆるみの影響が相対的に小さくなるので、弾性係数は大きくなると考えられる。

本来の岩盤としての弾性係数 E_r は、水室試験による値の 21 GPa 程度以上と推定される。したがって、本来の岩盤の弾性係数は、30 cm の載荷板を使って求めた弾性係数 11 GPa の 2 倍程度の値となっており、"平板載荷試験（30 cm 載荷板）で求めた弾性係数は、載荷面積が小さいために過小評価となっている"ことが分かる。

黒部第四ダム建設のときに、ダムの基礎岩盤（花崗岩）の中に岩盤変位計が設置され、ダムの貯水によって生ずる岩盤の変形が計測された。**図 20**は岩盤変位計配置の一例で、岩盤変位計の長さはこの場合 30〜90 m 程度である。貯水池の水位が上下すると、貯水による荷重が基礎岩盤に伝わり岩盤が変形する。**図 21**は約 1.5 年間の計測結果で、図中の数字は計測した月を示している。

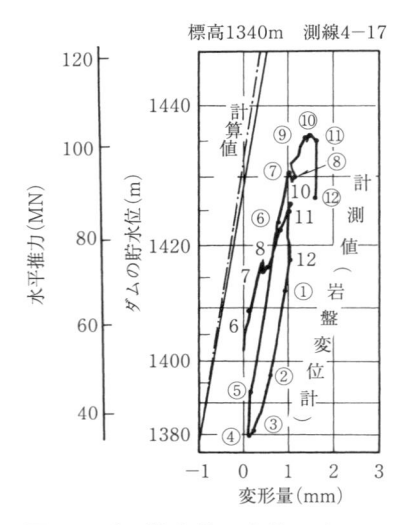

図 21 ダム貯水位の変化に応じて基礎岩盤が変形する[11]

　水位の上昇・下降に伴って岩盤の変形量は増大・減少し、ほぼ弾性的な挙動をしていることが分かる。

　岩盤を弾性体とみなしてこの測定結果を解析すると、岩盤の弾性係数は約 10 GPa となった[11]。一方、標高 1345 m 右岸の調査坑で行われた平板載荷試験（30 cm 載荷板）では、弾性係数は 2.4〜3.0 GPa であった[12]。広い範囲の岩盤の動きから求めた弾性係数が本来の岩盤の値に近いと考えられ、平板載荷試験結果の 3〜4 倍となっていることになる。

　本州四国連絡橋は、児島〜坂出ルートが昭和 63（1988）年に完成し、次いで明石〜鳴門ルートが平成 10（1998）年に、最後に尾道〜今治ルートが平成 11（1999）年に完成して、本州と四国を結ぶ大動脈ができた。これらの連絡橋の建設に際し、橋脚の

基礎岩盤の弾性係数を求めるのに平板載荷試験(載荷板直径は30〜60 cm、面積は0.071〜0.28 m²)が行われた。連絡橋の地盤耐震委員会の席上、やはりサイズ効果が問題となり、ある大学の先生からもっと大きな載荷板で試験ができないかという意見が出された。実物の橋脚は幅50 m奥行き50 m規模の大きさで、断面積は2500 m²となり、直径60 cmの載荷板面積0.28 m²はあまりにも小さい。そこで2 m×3 m(面積6 m²)の載荷板による実験も行われたのが思い起こされる。

　そのときの結果では、30 cmの載荷板と2 m×3 mの載荷板とで弾性係数はほぼ同じで約150 MPaであったが、60 cmの載荷板では約半分の値であった。サイズ効果がバラツキの中に埋もれてしまったのか、載荷板と弾性係数との間に相関は見られなかった[13]。

　岩盤の硬さや岩盤の種類が違うとサイズ効果も異なり、サイズ効果の一般的な傾向を得るのは容易でないが、黒四ダムの結果や先のNo.6地点での結果を合わせて考えると、

　「あまり風化していない花崗岩系岩盤の場合には、本来の岩盤の弾性係数 E_r は平板載荷試験(30 cm載荷板)で得られた値の2〜4倍程度である」[14]

ことが分かる。

　岩盤試験の種類によって弾性係数が異なり、載荷板のサイズでも結果が違うが、設計では通常平板載荷試験結果の値を使っている。平板載荷試験が比較的簡便であることが最大の理由で、簡便ゆえに多くの地点で行われているので、他地点との相対比較もできる利点がある。さらに、弾性係数を小さく見積もった場合岩盤

の変形量は大きくなり、構造物の設計としては安全側となっていることによると考えられる。また、この節で述べたような載荷板の大きさを変えた試験は、特殊な場合にしか実施されず、岩種や岩盤等級が違った場合についての十分なデータがないことによると思われる。

土・岩・コンクリート・鉄を比較する

材料としての岩盤の弾性係数や強度が、鉄やコンクリートと比べて概略どの程度かを知るためにまとめたのが**表3**である。

まず弾性係数Eの値では、鉄が210 GPaで硬いコンクリートの40 GPaの約5倍である。岩盤の硬いものはコンクリートとほぼ同じであるが、岩石で硬いものは60 GPa程度で、コンクリートの1.5倍も大きいものもある。

ただし岩石・岩盤の場合には、個々の岩種によって弾性係数が異なるものをすべて包括しているので、数値の幅が大きいことが

表3 各種材料特性の概略比較

種類	土質	岩盤（岩）	岩石（石）	コンクリート	鉄
形態	粒状体	連続体(不完全)	連続体	連続体	連続体
構成要素	土粒子＋水＋空気	岩石＋不連続面（割れ目）	鉱物結晶＋非晶質	セメント＋砂＋砂利＋空気	鉄
弾性係数 E(GPa)	0.01～1	0.5～40	0.5～60	20～40	200～210
圧縮強度 σ_c(MPa)	0.01～2	2～80程度＊	3～250	20～100	500～1300＊＊
要素試験	可	不可	可	可	可
均質性	比較的均質	一部非質	比較的均質	均質	均質
等方・異方性	比較的等方性	一部異方性	一部異方性	比較的等方性	等方性
水の影響	大	中	小	中	小

＊推定値（岩盤せん断試験のCの5倍の値）　＊＊引っ張り強さ

特徴である。これは岩盤といっても**表 1**（p. 8）で見たように、花崗岩とか砂岩などその種類は多岐にわたり、同じ砂岩でも生成年代が若いと軟岩となるのに、古い時代にできた砂岩は固くて硬岩となる。さらに風化によって同じ岩盤でも弾性係数が異なるなど、千差万別の値をひとまとめにしているので、数値の幅は最大と最小で約 100 倍程度の違いとなっている。一方、人工材料のコンクリートと鉄を見ると、数値の変動幅が岩盤や岩石に比べて小さいことが分かる。これらの変動幅はコンクリートの配合比率を、鉄の場合は組成成分などを固定すればさらに小さくなる。

この一括した弾性係数の値を岩石と岩盤とで比較すると、岩石では節理などの分離面が少ないために、岩盤よりも 5 割程度大きい値となっている。

岩石と岩盤との値の違いを個別の岩種について見ると、ケースバイケースで異なるが、先ほどの花崗閃緑岩（**図 18**）の例では、岩盤では 11 GPa 程度に対し、岩石の一軸圧縮試験では 20〜37 GPa であり 2〜3 倍程度の違いとなっている。

次に圧縮強度を見ると、岩石の強いものでは 250 MPa 程度でコンクリートに比べて約 2.5 倍程度の強さがあり、岩盤では 80 MPa 程度でコンクリートの 100 MPa より若干小さい。岩石を岩盤と比べると岩石の方が 3 倍程度大きい。

人工材料は弾性係数や強度などの力学特性が一義的にほぼ決まるのに対し、天然材料の岩盤は、多種多様で生成年代や風化度によって異なる。建設時に対象とする岩盤の広がりの中には、通常は多種類の岩盤があるので、極端な場合には数値の幅が 10〜20 倍程度も違う岩盤が入り交ざり（**図 4** 参照）、バラツキが大きいことが特徴である（第 I 編の 12 節を参照）。

6. 岩盤は方向や規模により特性が違う——異方性

　竹や木材などは、繊維の方向と直交する方向で強度や弾性係数が違い、これを異方性という。岩石や岩盤にもそのような異方性がある。道路沿いの斜面で縞模様の地層を見かけることがある（**図22**）。これは砂岩などの堆積岩では、粒子（mm～cm単位の大きさ）が堆積するとき、粗い粒子が細かい粒子よりも先に沈んで層（層理と呼ばれる）を形成するためで、層理面方向と直交する方向とで力学的性質が異なり異方性を示す。片岩などの変成岩では、鉱物の結晶が一定方向に並んだ構造（片理という）が発達し異方性が生ずる。

　平板載荷試験でこのような岩盤の弾性係数を求めた一例が**表4**である。この場合B級岩盤では、片理に平行方向で20.5 GPa、直交方向で13.7 GPaとなっていて、最大値と最小値の比（異方

図22　縞模様を見せる堆積岩（写真：井上大栄）

表 4 載荷する方向により弾性係数 E の値が異なる（片岩の場合）

単位：GPa、応力レベル：6 MPa

載荷方向 \ 岩盤等級*	B	C_H	C_M	C_L
片理に平行	20.5	13.1	4.8	2.8
片理に直交	13.7	7.8	3.8	0.9
異方性度 $I(E_{max}/E_{min})$	1.5	1.7	1.3	3.1

＊電中研式岩盤分類

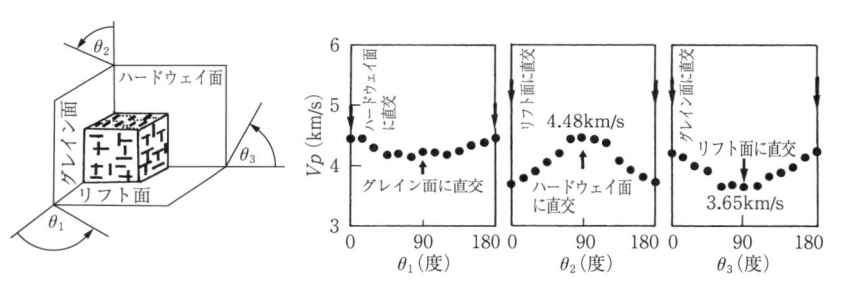

図 23 弾性波速度 V_p は伝播する方向が違うと速度が異なる（大島花崗岩の場合）[15]

性度 I）は 1.5 である。C_L 級岩盤では 2.8 GPa と 0.9 GPa で異方性度は 3.1 であり、岩盤等級の違いにより異方性度 I は 1.3～3.1 と幅がある。

墓石には、よく御影石（みかげいし、花崗岩）が使われ、ピカピカに磨かれた表面を見ると、石英、長石や雲母などの結晶が入り混じっているのがよく見える。この花崗岩は、どの方向から見ても均質で等方性に見えるが、詳細に調べてみると異方性である。

その原因は、肉眼で見えるか見えないか程度の微細なマイクロクラック（μm（マイクロメータ）〜mm の単位の大きさ）が、方向性を持って配列しているためである。マイクロクラックの発達した面は三つあって、それぞれリフト面、ハードウェイ面、グレイン面と名づけられている（**図23**）。固体を叩くと波（弾性波）が固体の中を伝わり、その速度は固体の弾性係数が大きいほど速い。そこで弾性波速度で異方性を調べた結果をみると、ハードウェイ面に直交する方向で 4.48 km/s、リフト面に直交する方向で 3.65 km/s となっており、異方性度 I は約 1.2 程度となっている。

コーヒーブレイク ［石にも目がある］

花崗岩などの石切り場（**図24**）では、この異方性を利用して石を切り出している。一般の人が見ても見分けがつかないが、石工さんは微細なクラックの方向性を見ることができ、石目（いしめ）と呼んでいる。最も石の割れやすい面を"目"といい、2番目に割れやすい面を"二番の目"、両者に直交して割れにくい面を"シワ"と呼び、目の方向にクサビを打ち込んで花崗岩を切り出している[15]。リフト面、グレイン面、ハードウェイ面はこれらの石目に対応する英語での呼び名である。もちろん石工さんはこの異方性のことを聞いて応用しているわけではなく、ずっと以前から経験で知っていたわけである。

上に述べたように、岩盤の異方性には、① μm〜mm 単位の微細なマイクロクラックの配列構造が原因となって生じる異方性、② mm〜cm 単位の鉱物や粒子の配列構造が原因となる異方性があることになる。さらに別の種類の異方性として、③ cm〜m 単位の割れ目の配列構造が原因となって生じる異方性がある（**表5**）。

③の異方性は、花崗岩などで節理が同じ方向を向いていて、しかも対象とする岩盤の広がりが大きい（50〜100 m 程度以上）場

(a) 花崗岩の石切場（写真：金子勝比古）

(b) 切り出した花崗岩
（写真：金子勝比古）

(c) 庭石などに利用する

図24　花崗岩の切り出しとその製品

合に生じる。例えば、巨大な空洞を掘削する場合などにこの異方性が生じることがあり、それについては第II編の1節で説明する。

表 5 岩盤に異方性が生じる三種類の原因

異方性の原因
- ①マイクロクラック（μm〜mm 程度）の配列構造
  　（例：リフト面、ハードウェイ面など）
  　異方性の計測：可（P波速度など）

- ②鉱物や粒子（mm〜cm 程度）の配列構造
  　（例：層理面、片理面など）
  　異方性の計測：可（平板載荷試験など）

- ③割れ目（cm〜m 程度）の配列構造
  　（例：節理面―花崗岩などの卓越節理）
  　異方性の計測：直接測定は困難
  　（間接計測：節理の卓越密度など）

7．山は流れる

　供試体に荷重をかけると瞬間的に弾性的に変形し、さらにこの荷重を一定に保つと、荷重は増えないのに時間とともに変形量が増えることがある。荷重一定で時間とともに変形が増えるこの現象をクリープという。トンネルを掘削してコンクリート壁（覆工）を打つと、周辺岩盤からコンクリート壁に時間とともに荷重がかかってくることがあるが、その原因の一つが岩盤のクリープ変形によるもので、「あと荷」と呼ばれる。

　岩盤のクリープ試験結果の一例が**図 25** で、岩盤は粘板岩の場合で、2 カ所で試験した結果である。試験は平板載荷試験とほぼ同じような装置を使って、荷重を一定の値に保持できるようにして行う。No. 2 の試験では 1 月 16 日に載荷して弾性変形 w_e が 1.88 mm 生じ、その後 6 月 3 日まで約 4 カ月半クリープ試験を継続し、0.29 mm のクリープ変形 w_c が生じている。弾性変形量

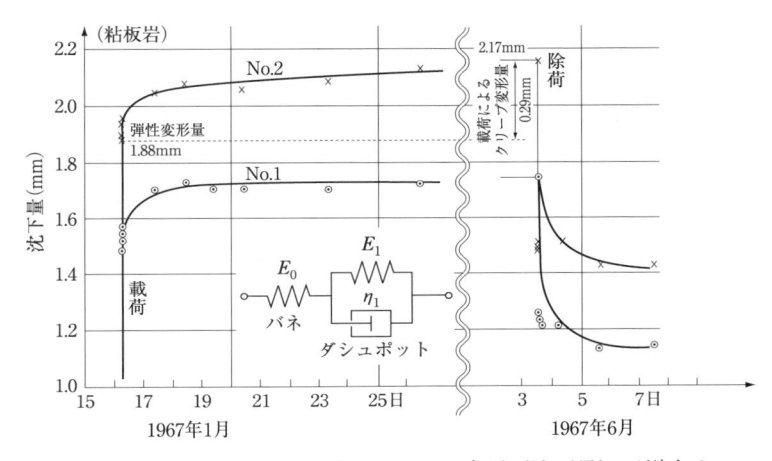

図25 岩盤は荷重が一定でも時間とともに変形（沈下量）が増大する：クリープ現象（粘板岩の場合）[16]

に対するクリープ変形量の比率（w_c/w_e）をクリープ係数（記号は α（アルファ））と呼び、この例では α は 0.15（0.29/1.88）である。除荷時にも同様な現象が生ずるが、除荷時と載荷時とではクリープ係数が通常は異なる。クリープ係数で大きいものでは1程度（**表11**（p.86）参照）のものもあり、設計時にクリープの影響を考慮することになる。

クリープ現象を表現するには**図26**(b)に見るように、弾性変形をバネで表現し、粘性流動を液体の入ったシリンダーの中のピストンの動き（ダシュポット）で表現する。スライダーは摩擦のある2枚の板で一定の力までは滑らないが、ある限度を越すと自由に動く。これらの要素を組み合わせてモデルを作り、実験結果を表現できるように弾性係数や粘性係数を決める。

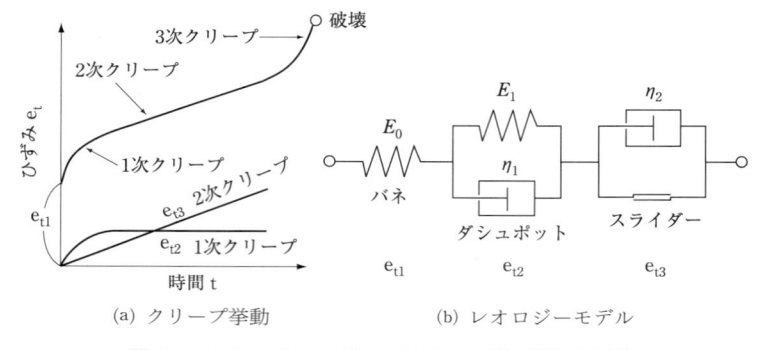

図 26 レオロジーモデルでクリープを表現する[17)]

(a) クリープ挙動　　(b) レオロジーモデル

　クリープの挙動は載荷する荷重の大きさによって異なり（**図 26**(a)）、荷重レベルが低いときには一定量のクリープ変形が生じた後にクリープが収束する1次クリープ、荷重が大きくなるとクリープが時間に比例して増える2次クリープとなり、さらに荷重が大きいときには3次クリープの領域に入り、クリープによって破壊する。

　クリープ変形が収束する1次クリープを表現するには、**図 25**の図中に示した三要素モデルを使って弾性係数と粘性係数（図中の E_0、η_1（イータ））を決める。クリープ現象は、岩盤のみならず岩石の供試体を使った室内試験でも観察できる。

　クリープの発生する原因としては、硬い岩石ではマイクロクラックなどが、岩盤では節理やきれつなどの空隙の変化やずれなどが考えられている。

　超長期のクリープ現象の研究例として花崗岩ビーム（梁）を使った実験がある（**図 27**）。幅12.3 cm、厚さ6.8 cm、長さ215 cmの花崗岩の細長い梁を、支点間隔210 cmで2本横たえて、

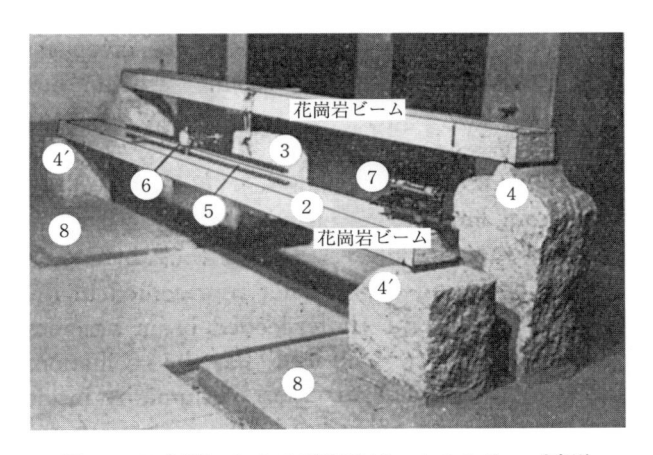

図 27 30 年間にわたる花崗岩ビームのクリープ実験
（原図一部変更）[17]

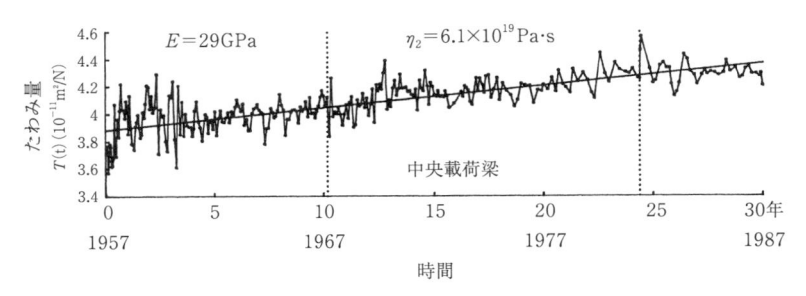

図 28 30 年間にわたる花崗岩のクリープ実験の結果[18]

一つの供試体にはその中央に 221 N の荷重をかけ、もう一つの供試体には荷重をかけないで、自重だけでたわみによる変形の測定を約 30 年間行っている。

その結果が**図 28**である。縦軸はたわみ量で、横軸は時間である。たわみの傾向を見ると、30 年経過しても花崗岩はクリープによりたわみ変形が収束しておらず、"花崗岩はごく小さな荷重

で流動（粘性流動）する"という結論が得られた。粘性係数は 6.1×10^{19} Pa·s であり、弾性係数は 29 GPa である。流動するといってもその量は非常にわずかなもので、普通の生活する時間単位では実用上弾性体として扱って問題はなく、建物の柱としても使用できる。

花崗岩ビームは長さが 215 cm で、普通の岩石供試体と比べれば大きいが、アーチダムなどを支える基礎岩盤全体の大きさから見ればサイズとしては小さいことになる。そこで岩盤全体の動きから岩盤としての粘性係数を求めた例を次にみてみる。

花崗岩ビームと同じ種類の花崗岩（平板載荷試験で求めた弾性係数は 10 GPa）に建設したアーチコンクリートダム（ダム高さ 100 m、ダム幅 320 m）の基礎岩盤が、ダムの貯水によって変位する動きを 3300 日（9.16 年）間測って、基礎岩盤の粘性係数の値として 1.1×10^{19} Pa·s が求められている[19]。第Ⅰ編の5節で見たように、あまり風化していない花崗岩系の岩盤の場合、本来の岩盤の弾性係数は平板載荷試験で得られた値の 2〜4 倍程度と推定され、このダム地点のマクロな弾性係数は 20〜40 GPa と考えられる。一方、花崗岩ビームの弾性係数は 29 GPa である。したがって、違う地点の花崗岩であるが、弾性係数の値はほぼ同じと考えられる。

次に、花崗岩ビームはきれつなどのない岩石供試体であるのに対し、ダム基盤は節理などのきれつのある岩盤であることを考慮すると、ダム基盤の粘性係数の方が小さくなると予想されるが、ダム地点での値と花崗岩ビームの値とは桁数が同じで両者の粘性係数はほぼ同じという結果になっている（実際にも 1.1×10^{19} で 6.1×10^{19} より小さい傾向が見られるが、この程度の違いは岩盤

のバラツキの範囲内と思われる（第Ⅰ編の12節参照））。

　岩石供試体と岩盤という違いがあるにもかかわらず、同じ桁数の粘性係数が得られたことは驚きでもある。花崗岩ビームの場合、供試体には節理などのきれつはないが周圧がゼロで、自由に変形ができる状態であり、一方、ダム基礎岩盤は、節理などのきれつはあるが岩盤同士で変形を拘束し合い周圧を受けた状態になっていて、結果的に条件が相殺し合い、同じ桁数の粘性係数になったのではないかと考えられる。

　超長期のクリープ現象として、氷河が溶けて荷重がなくなったために、長時間をかけて隆起したスカンジナビア半島の動きが有名である。その動きから求めた地殻の粘性係数は10^{21} Pa・s（**表6**）であり、この花崗岩に比べると2桁大きい値となっている。

　時間のスケールを変えて地質学的時間スケールでみると、この花崗岩を含め岩盤も山も流れていることになる。**図25**の結果も週や月の単位で見るからクリープが収束したと判断しているが、もっと長い単位の時間で見れば、クリープは収束していないことになる。

　それにしても、**図27**の実験期間が30年間に及ぶとは……。通常の実験なら1〜2時間程度で終わるものが多い。遠心機装置を使って、光弾性実験という手法で斜面の模型実験をしたときには、寝袋を実験室に持ち込んで一昼夜かかったことがあるが、それでもわずか一日であった。

　"荒城の月"や"花"で有名な滝廉太郎は23歳で夭折しており、モーツアルトは35歳であった。一つの実験でこれほど長期間を要した例は他に聞いたことがない……、凄いことだと思う。

表6 各種岩石の粘性係数[20]

名称	粘性係数 (Pa·s)	温度 (°C)	備考
水	1.0×10^{-3}	20	
氷	10^{12}		
ガラス	10^{21}	20	
玄武岩溶岩	4.3×10^{3}		ハワイ溶岩、1919
〃	2.3×10^{4}	1038	三原山火山、1951
〃	7.1×10^{3}	1083	〃　〃
安山岩溶岩	$10^{7} \sim 10^{8}$	950	桜島、1946
石英安山岩	10^{10}	1000	昭和新山、1945
玄武岩質安山岩	$10^{4} \sim 10^{5}$	1070	メキシコ、ベリクテン、1945〜1946
石灰岩（サンプル）	10^{20}		ドイツ、ゾーレンホーフェン石灰岩
岩塩（サンプル）	10^{17}	18	
〃	10^{16}	80	
スカンジナビア半島の地殻	10^{21}		地表面の隆起速度から
ロッキー山脈大塩湖付近地殻	10^{20}		地表面の隆起速度から
花崗岩（サンプル）	$(1.3 \sim 6.2) \times 10^{19}$	室温	広島花崗岩
頁岩	10^{21}		紀伊半島古第三紀層の褶曲から理論的に推定

8. 岩盤はどれほど強いか——強度

　岩石の強度で最も代表的なのは一軸圧縮強度 σ_c である。**図8**(a)の周圧がゼロの場合で、供試体の軸方向に載荷して破壊したときの軸圧の値が一軸圧縮強度である。引張荷重をかけて破壊させた場合は引張強度という。一軸圧縮試験は試験も簡便で、岩石の σ_c の値を聞けば、その岩盤の良否もある程度判断できるので基礎資料として使われる。

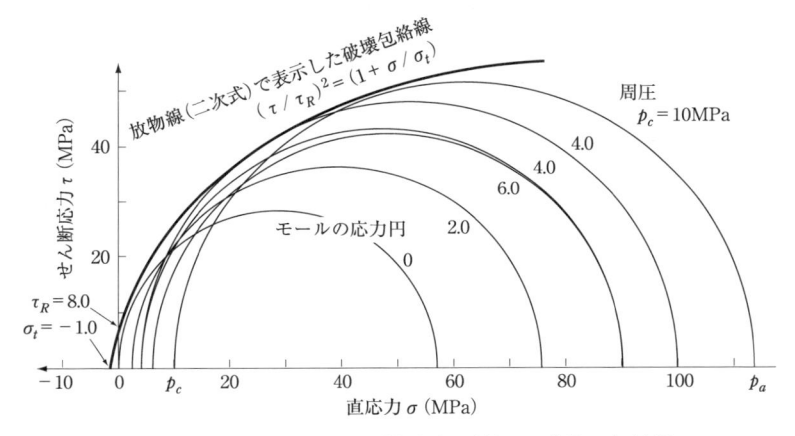

図 29 ひん岩供試体の三軸試験の結果と破壊の包絡線

　岩盤の中の応力は一軸状態であることは稀で、横からも応力が作用して三軸状態になっているのが普通である。三軸状態では破壊強度が一軸状態の場合よりも大きくなり、また周圧が大きくなると強度も大きくなる。そこで、周圧を数種類変えて三軸試験を行い、破壊時のモールの応力円を描いてその破壊包絡線を求めると、その包絡線が強度を表すことになる。

　図 29 は破壊包絡線の一例であり、周圧を 0、2、4、6、10 MPa と変化させて実験している。破壊包絡線の形は、砂などの土質材料では一次式の直線となるが、硬い岩石の場合はこの例で見るように曲線となることが多く、二次式の放物線

$$(\tau/\tau_R)^2 = 1 + \sigma/\sigma_t$$

で表現できる[21]。τ_R、σ_t はそれぞれ破壊包絡線の τ 軸、σ 軸との切片である。この破壊包絡線がその材料の強度特性を示し、強度定数の τ_R（せん断強度）と σ_t（引張強度）は**図 29** の場合、τ_R

$=8\,\mathrm{MPa}$、$\sigma_t=-1\,\mathrm{MPa}$ である。圧縮をプラス(+)、引張りをマイナス(−)で表す。

図 29 で、周圧が 4 MPa の場合の二つのモールの応力円の大きさが違い、周圧が 6 MPa の場合は 4 MPa の場合よりも応力円が小さい（強度が小さい）が、これらはバラツキのためである（バラツキについては第Ⅰ編の 12 節：天然材料なるがゆえのバラツキ参照）。

岩盤をせん断する

岩盤の強度を求めるには、供試体に均一な応力を作用させることができる岩盤三軸試験（**図 16** 参照）が最も望ましい。しかし試験装置が大掛かりで多大な費用と時間がかかり、岩盤の強度が大きいと破壊させるのも難しい場合がある。そこで、より簡便な方法として岩盤せん断試験を行う。

岩盤せん断試験（**図 30**）では、岩盤供試体（ａｂｃｄ）を切

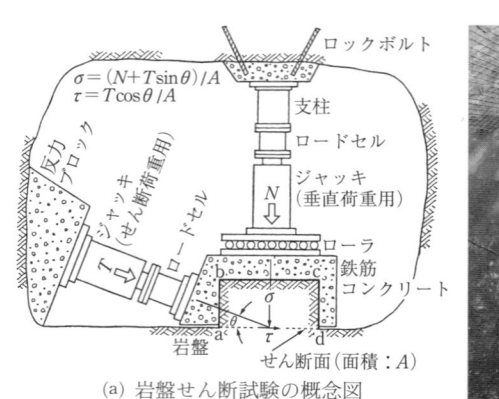

(a) 岩盤せん断試験の概念図

(b) 試験時の状況

図 30　岩盤をせん断して強度を求める

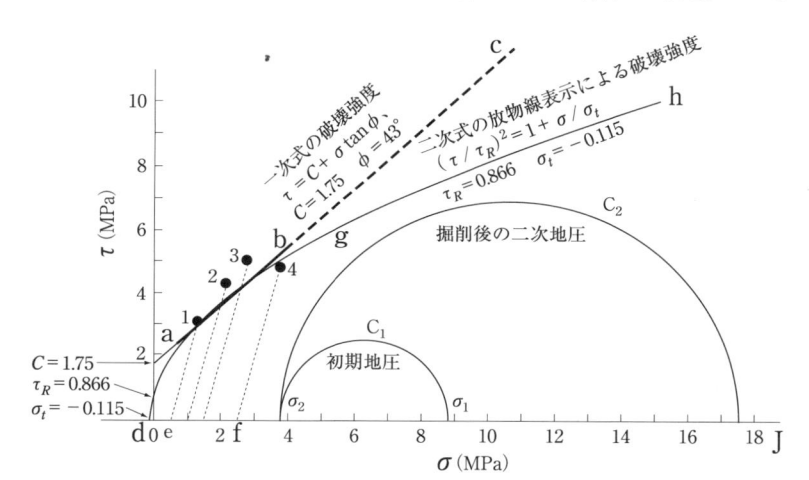

図 31 岩盤せん断試験の 4 点の結果から岩盤の破壊強度（破壊包絡線）を求める

り出して鉄筋コンクリートで被覆し、鉛直荷重 N をかけ、次に斜め荷重 T を作用させる。T を徐々に大きくしていって供試体の底面 a d（底面積：A）でせん断破壊をさせる。破壊したときの N と T の値から、破壊時のせん断面上の応力（σ, τ）を求める。供試体の大きさは岩盤に含まれる節理の大きさなどを考慮して決めるが、通常は幅と奥行きが約 60 cm、高さが 40 cm 程度である。鉛直荷重の大きさで破壊強度が異なるので、N の大きさを変えて 3～4 個の供試体でせん断試験を行う。

結果の一例が**図 31** である。破壊時の応力のプロットは 1、2、3、4 の 4 点（●印）である。N の最初の値は直応力 σ でみると 0.5、1.0、1.5、2.5 MPa の 4 種類であり、斜め荷重 T が増えるにつれて τ と σ の値が大きくなり、遂には破壊に達する。これらの破壊時の応力から強度として二次式の放物線で $(\tau/\tau_R)^2 = 1+\sigma/\sigma_t$（図中の d g h）と表現すると、強度定数 τ_R は 0.866 MPa

であり σ_t は -0.115 MPa である。

　ダムや橋脚の基礎岩盤あるいは斜面などで、地圧が比較的小さい場合には、同じ岩盤せん断試験結果から強度を直線の一次式で $\tau = C + \sigma \tan \phi$ (図中のａｂｃ) と表現し、強度定数として C (粘着力) と ϕ (内部摩擦角) を決める。この場合、C は 1.75 MPa であり、ϕ は 43° である。

　同じ試験結果から強度を一次式と二次式で表現しているが、その使い分けは次のようである。つまり、ダムや橋脚基盤で岩盤内の応力が図 31 のｄａｂｆの範囲程度に収まっている場合には、強度を一次式で表現した方が安全率の算定などにも便利である。一方、地下深部 500 m 程度にある地下発電所空洞などの場合には、岩盤内の応力が大きく、初期地圧が例えば図 31 の応力円 C_1 程度で、それが掘削によって応力円 C_2 などと変化する。C_2 の応力状態に対応してｄａｃｈｊ周辺の領域までの強度を考えると、この領域では装置の能力の関係で、せん断試験結果のプロットはないが、図 29 で見たように、直応力が大きくなると強度は増大するけれども直線的には増えていないことから、二次式の放物線表示の方が適している (一次式の強度を使うと、外挿したｂｃ部分では強度を過大評価することになる)。

　このように、同じ試験結果でも扱う対象の岩盤内の応力状態の範囲の相違により、それぞれに適した強度表現を使うことになる。

　強度についても砂岩や頁岩などの堆積岩では、弾性係数と同様に異方性がある。その一例が図 32 である。岩盤のせん断面と層理面との交角 ω (オメガ) の大きさにより強度が異なり、図の頁岩の場合、せん断強度 τ_R は ω が小さいと 0.8 MPa、ω が大きい

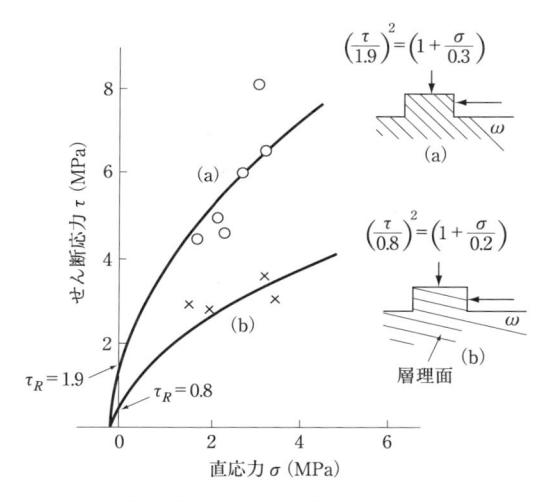

図 32 岩盤の強度にも異方性がある‒層理面との関係（ω）で強度が異なってくる（頁岩の場合）

$$\left(\frac{\tau}{1.9}\right)^2 = \left(1 + \frac{\sigma}{0.3}\right)$$

$$\left(\frac{\tau}{0.8}\right)^2 = \left(1 + \frac{\sigma}{0.2}\right)$$

と約 2.4 倍の 1.9 MPa になっている。

　岩盤せん断試験の問題点としては、**図 30** で見たように、一方向から T を作用させて強制的にせん断面 a d で破壊させるので、せん断面上の応力分布は**図 33** に見るように均一でない。破壊は T を作用させた a 側から始まり d の方へ逐次進行するので、実際よりも低い強度が得られることになる。

　弾性係数の場合、載荷試験の載荷面積が大きくなると、弾性係数が大きくなるサイズ効果があった（第Ⅰ編の 5 節参照）。では強度についてのサイズ効果はどうかというと、岩石の場合には供試体の寸法が大きくなると、強度が低下するという結果[23]が得ら

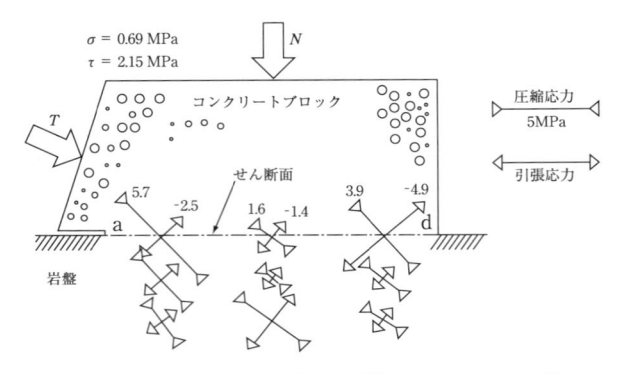

図33 せん断面上の応力は一様になっていない[22]

れている。その原因は、供試体が大きくなるにつれて含まれる微細なきれつなどの弱面の数が増えるために強度は低下するからと考えられている。

　岩盤の強度については、サイズ効果に関する研究例は極めて少なく、今後に残された問題である。岩盤せん断試験の供試体（60 cm×60 cm×40 cm 程度）の作成には多大な労力と時間がかかり、さらにそれ以上大きな供試体を作るとなると容易なことではない。数少ない一つの例として砂岩と泥岩の互層岩盤で行われた例[24]では、供試体の大きさが底面 120×120 cm、高さ 60 cm の供試体 2 個と底面が 4 倍の 240×240 cm の供試体 1 個でせん断試験が行われた。その結果 120 cm の供試体では、(C, ϕ) の値として、$(0.76 \text{ MPa}, 34°)$、$(0.29 \text{ MPa}, 47°)$ が得られており、240 cm の供試体では $(0.28 \text{ MPa}, 40°)$ となっている。供試体が大きい方がこの場合では若干強度が小さくなっている。

　岩盤の崩壊事例などから岩盤の巨視的な強度を逆算して推定することも考えられる。一例として、石灰石鉱山における 30〜40 万 m^3 の大崩壊から岩盤の強度を推定した例[25]があるが、破壊面

第Ⅰ編　岩盤はほかの材料とどう違うか　53

に作用する水圧の大きさや破壊面の形状などが複雑で、強度の推定は必ずしも容易ではない。

9．外力としての地圧を求める

地圧を測れば地震の発生時期を予知できる

　兵庫県南部地震は平成7（1995）年1月17日に起きた。その震害調査で現地の神戸に近づこうとしても、交通が完全にマヒしていて、大阪から西へ進むことができなかった。そこで建設会社の持っている船を出してもらって、大阪から海上経由で三宮にようやく上陸した。そして我々が目にしたのは、道路をせき止めるようにして倒れたビル、宙釣りとなった高架鉄道のレール、空襲あとのような焼け跡……。次から次へと連続する眼前の被害の凄さに知覚がだんだんとマヒして、異常を異常と感じなくなっていく自分を感じて恐ろしいと思った。それほどの被害の凄まじさであった。

　それからもう12年になる。地震・雷・火事・おやじ？　と怖いものの一番にくる地震は、日本列島に住む日本人にとっては避けることのできない宿命である。地震の予知ができればそんな素晴らしいことはなく、地震予知のために地中ひずみの計測や活断層調査を始めとして、地電流や電磁波などの研究がなされている。あまり知られていないが、地圧がこの予知に有効で研究が進められている。

　地球表層には約10〜60 kmの厚さの地殻があり、その下には深さ約2900 kmにわたってマントルがある。地殻と冷えて固化

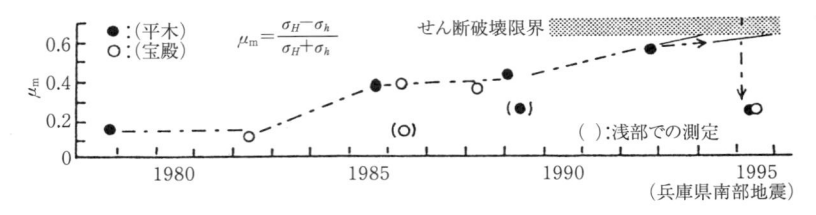

図34 μ_m の値は地震の発生が近づくにつれて破壊限界値 0.6 に接近している[27]

したマントルの表層部をプレート（板）と呼び、プレートはいくつかに分かれていて、年に数 cm の速度で移動する。移動するのでプレートとプレートが水平方向に押し合って応力が発生し、あるプレートは他のプレートの下に潜り込んだりする（プレートテクトニクスと呼ばれる。**図44** 参照）。その結果、押し合ったプレートの表面に地盤のシワができてエベレストなどの山となる。押し合う応力が大きくなってプレートのひずみが限界に達したときに、地盤に"ずれ"破壊が生じて地震が起きる。ずれはせん断応力などがもとで起きるので、プレート内の応力変化を測ると地震予知の有力な手段となる。

　最大の水平地圧を σ_H、最小の水平地圧を σ_h として、μ_m（ミュー）$=(\sigma_H-\sigma_h)/(\sigma_H+\sigma_h)$ の値が 0.6 になると地震が起きるといわれている[26]。分子の 1/2 は水平面内の地圧の最大せん断応力となっており、分母の 1/2 は直応力の平均値である。この考えに基づいて実際に測定した μ_m の経時変化の例が**図34**である。測定地点の平木（●印）と宝殿（○印）は、兵庫県南部地震を起こした断層から約 25 km 離れた地点にある。μ_m の値は昭和 57（1982）年頃から増加し始め、平成 4（1992）年末には 0.5 まで達していたのが、兵庫県南部地震（平成 7（1995）年）の 2、

3カ月後に測定すると0.2に急落しており、この手法が有力な手法となりうることを示している。

活断層の活動周期や地震の発生確率が分かっても、"いつ起こるか"の判定が難しいのに比べると、この地圧変化測定は断層の動きの原因となる応力の変化を調べるもので、μ_m の値の変化の速度を測定すれば、地震発生時期の予測も可能な手法で、今後が期待されるところである。

地圧をどのようにして測るか

さて、本題の外力としての"地圧"に戻ると、地震予知では、長期にわたる地圧の経時的な変化の測定が大切であるのに対して、外力としての地圧は、トンネルなどを掘削するその時点での大きさが問題となる。

地圧が生じる主な原因の一つは岩盤の自重である。高い山の下でトンネルを掘ると、低い山の場合よりも岩盤の厚さが大きいので地圧は大きくなる。もう一つの主な原因は先に述べたプレートの動きによって生じた応力で、これらが足し合わさって地圧となっている。トンネルなどを掘る前の自然状態の地圧を"初期地圧"、または"一次地圧"といい、トンネルなどを掘って変化した地圧を"二次地圧"と呼んでいる。しかし二次地圧も単に地圧と呼ぶ場合が多い。

地圧を測定するにはいくつかの方法があるが、ここでは応力開放法のうちの埋設法について説明する（**図35**）。この方法は、応力を測定しようとする位置まで小口径（直径48 mmなど）でボーリング孔を削孔し（a-1図）、地圧を測定しようとする位置にひずみ計をセメントモルタルなどで埋設する（a-2図）。次によ

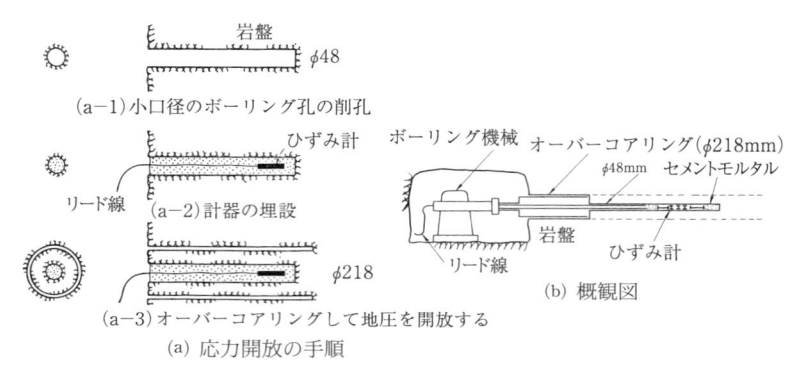

図 35 応力開放法（埋設法）で地圧を測定する手順

り大きな口径（直径 218 mm など）で再びボーリング（オーバーコアリングという）をして、ひずみ計周辺の岩盤にスリットを入れる（a-3 図）。それまで岩盤内を伝達していた地圧がスリットによって伝達されなくなり、地圧で圧縮されていたひずみ計周辺の岩盤が膨張するので、そのときの岩盤のひずみを計測する。計測したひずみと岩盤の弾性係数から、作用していた地圧を求める。ひずみ計埋設用に小孔を掘削しているので、周辺岩盤の応力は二次地圧となっているため、弾性理論により補正して初期地圧を求める。

地圧は三次元状態になっていて、方向により大きさが異なる。主応力は三つあり、大きい順に第一主応力 σ_1、第二主応力 σ_2、第三主応力 σ_3 と呼び、おのおのの作用する方向は互いに直交している。三次元状態の地圧を求めるには、ひずみ計の埋設方向を種々変えて計測をして、それらの計測値から三つの主応力の大きさとそれぞれの作用する方向を求める。

地圧の一つの大まかな目安は 10：7：5

　日本全国で埋設法で測定した初期地圧の結果が**表 7** である。表中の地点番号のうち、アラビア数字の地点は地下発電所空洞建設地点（**表 11**（p.86）参照）での計測で、アルファベットが付いた地点はそれ以外の地点での計測である。各地点の岩盤の種類や三つの主応力、水平方向の水平地圧、鉛直方向の鉛直地圧などを示している。計測地点の位置は**図 36** の●印であり、北海道から九州までの広い範囲にわたっており、**表 7** の結果は、日本列島全体の初期地圧の傾向を示していると考えることができる。計測した深さは主として 200〜400 m で、浅いものでは 20〜30 m のものも含まれている。

　この表から次のことが分かる。

① 　初期地圧の三次元主応力 σ_1、σ_2、σ_3 の大きさの比率はほぼ 10：7：5 である。その比率を図で示すと**図 37** のラグビーボールのような形となる。

② 　初期地圧の第二主応力 σ_2 の大きさは、鉛直地圧 σ_V の大きさとほぼ同じである。

③ 　水平地圧の最大値 σ_H は鉛直地圧 σ_V の 1.36 倍で、その比率である側圧比（σ_H/σ_V）は約 1.4 である。

④ 　鉛直地圧 σ_V は岩盤の単位体積重量 γ（ガンマ）を 25 kN/m³ とした場合、測定した位置の地表からの深さ h（地山被り）と γ との積 $\gamma \times h$ にほぼ近い値である（**図 38**）。

　これらの結果から地圧の大まかな推定方法として、鉛直地圧を $\gamma \times h$ で計算しその値を 7 として、水平地圧の大きさは 10〜5 と推定することができる。

地圧の大きさは、地形や岩盤の種類、測定する深さなどにより変化するので、一般的な傾向を知るのは困難であると思われるが、測定地点が北海道から九州までと広い範囲にわたっての平均値として、この場合主応力比が10：7：5という美しい比率を示している。測定した位置が200～400m程度の同じような深さで計測しているのが幸いしたのかもしれない。

表7 応力開放法で求めた日本各地の三次元初期地圧の測定結果（第一主応

地点番号	岩盤の種類	密度 $\gamma(t/m^3)$	弾性係数 E(GPa)	被り深さ h(m)	第一主応力 σ_1* (MPa)	σ_1の作用方向 (度)**	第二主応力 σ_2 (MPa)
6	花崗岩	2.5	18	250	10.8 (10)	260/10	6.4 (5.9)
7	頁岩	2.6	8	214	—	—	—
8	花崗岩	2.5	20	280	9.6 (10)	269/64	7.5 (7.8)
12	黒色片岩	2.6	10	270	11.1 (10)	164/38	5.4 (4.9)
14	花崗岩	2.5	24	370	23.4 (10)	165/29	13.2 (5.6)
a	泥岩	1.7	0.8	70	1.24(10)	2/46	1.08(8.7)
b	緑色片岩	2.5	5	30	0.89(10)	117/41	0.66(7.4)
9	流紋岩	2.5	12	165	4.2 (10)	297/65	3.3 (7.8)
15	花崗岩	2.5	30	510	15.8 (10)	232/13	11.1 (7.0)
13	溶結凝灰岩	2.5	7	210	6.2 (10)	223/8	4.8 (7.7)
16	珪質砂岩	2.5	26	420	15.7 (10)	263/25	10.6 (6.8)
16	角礫岩	2.5	27	395	12.1 (10)	313/25	8.5 (7.0)
10	礫岩	2.5	14	270	8.2 (10)	196/10	5.5 (6.7)
c	礫岩	2.5	2.6	22	1.06(10)	242/28	0.72(6.8)
d	石英閃緑岩	2.5	—	15	—	—	—
e	流紋岩	2.6	16	335	9.0 (10)	280/6	6.2 (6.9)
f	泥岩	2.0	1.2	30	—	—	—
g	花崗岩	2.5	12	71	5.5 (10)	85/7	4.6 (8.4)
h	流紋岩	2.6	10	192	5.1 (10)	168/71	4.3 (8.4)
i	凝灰角礫岩	2.6	7	241	5.0 (10)	217/54	3.7 (7.4)
j	ひん岩	2.5	20	285	10.4 (10)	253/31	7.0 (6.7)
k	ひん岩	2.5	20	285	8.9 (10)	260/44	5.9 (6.6)
18	粘板岩	2.5	11	316	12.1 (10)	20/5	7.9 (6.5)

＊圧縮応力はプラス（＋） （平均比率10） （平均比率7.0）
＊＊ステレオ投影：主応力の作用する面（南＝0°） ＊＊＊σ_H：最大水平地圧、σ_h：最小

三次元の初期地圧を一種類の手法で全国的に測定した例はこれまであまりなく、違う深さでの比率のデータは現在のところないが、今後データを積み重ねてその結果を知りたいものである。

建設事例の豊富なトンネル関係でみると、最近の高速道路用トンネルなどは、断面も従来に比べより大きくなり、岩盤条件も複

力の値を10とした比率を加筆)[28]

σ_2の作用方向(度)	第三主応力σ_3(MPa)	σ_3の作用方向(度)	水平地圧*** σ_H(MPa)	σ_h(MPa)	鉛直地圧σ_V(MPa)	比率 $\frac{\sigma_H}{\sigma_V}$
145/70	0 (0)	355/20	10.6	0.6	6.0 (5.6)	1.77
—		—	9.0	4.6	7.3	1.24
73/25	4.9 (5.1)	166/6	7.9	4.9	9.2 (9.6)	0.86
38/37	3.7 (3.3)	282/30	8.7	4.4	7.2 (6.5)	1.22
56/29	7.2 (3.1)	282/46	20.2	11.1	12.5 (5.3)	1.61
115/20	1.07(8.6)	221/37	1.16	1.09	1.17(9.4)	0.99
349/35	0.46(5.2)	235/29	0.77	0.53	0.71(8.0)	1.10
194/63	2.5 (5.9)	64/38	4.0	3.0	2.9 (6.9)	1.37
16/74	6.3 (4.0)	140/9	15.5	6.4	11.2 (7.1)	1.39
128/34	4.7 (7.6)	324/55	6.2	4.4	4.8 (7.7)	1.29
21/45	7.8 (5.0)	155/34	14.7	8.8	10.6 (6.8)	1.39
109/63	7.6 (6.2)	218/10	11.4	7.6	9.1 (7.5)	1.24
310/66	4.9 (6.0)	102/22	8.1	5.0	5.5 (6.7)	1.48
151/3	0.41(3.9)	55/62	0.92	0.71	0.55(5.2)	1.68
—		—	7.4	2.6	2.8	2.62
15/37	4.6 (5.1)	183/52	8.9	5.6	5.2 (5.8)	1.72
—		—	0.49	0.45	0.55	0.89
352/27	4.1 (7.5)	189/62	5.5	4.5	4.2 (7.6)	1.30
347/20	1.7 (3.3)	77/0	4.4	1.7	5.0 (9.8)	0.88
31/36	2.9 (5.8)	124/2	4.1	2.9	4.6 (9.2)	0.89
163/1	4.1 (3.9)	71/59	8.7	7.0	5.8 (5.6)	1.51
164/7	3.0 (3.4)	67/45	6.4	5.6	6.0 (6.7)	1.07
286/46	5.5 (4.5)	116/44	12.1	6.7	6.9 (5.7)	1.76

(平均比率 4.9)　　　　　(平均比率 7.1)(平均値 1.36)

水平地圧

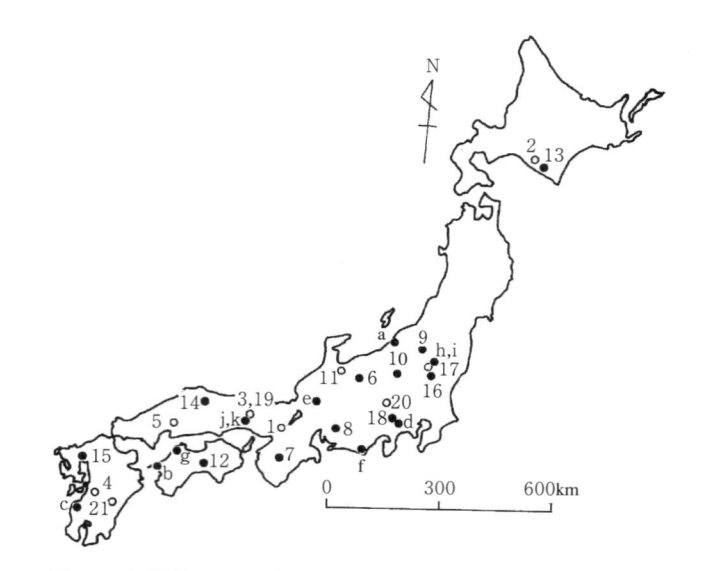

図36 初期地圧を測定した位置（●印）と地下発電所地点（アラビア数字）

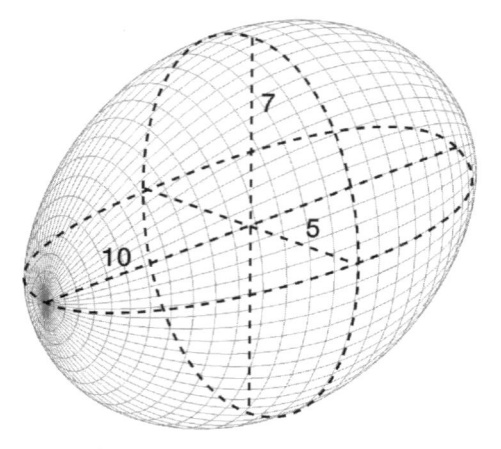

図37 初期地圧の三つの主応力 σ_1、σ_2、σ_3 の平均的な大きさの比率は 10：7：5 である

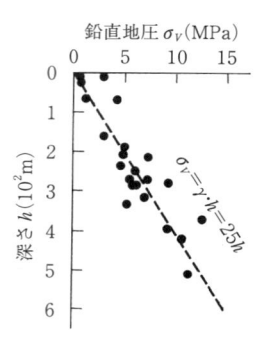

図38 初期地圧の鉛直地圧 σ_V は被り深さ h に比例する[28]

雑な場合が増えてきて、岩盤試験や初期地圧の測定が行われるようになってきた。それ以前の通常の道路トンネルや鉄道トンネル（掘削断面積は 100 m² 程度）では、岩盤試験や地圧測定などはあまり行われず、掘削時の計測としては、トンネル天井部の沈下量などを測り建設を進めていた。というのも、岩盤試験や地圧測定を行うためにその位置まで調査坑を掘って近づくことができれば、すでにトンネルの一部が掘れたことになり、改めて岩盤試験をするまでもないということになるからである。さらにトンネルには蓄積された長い技術の歴史がある。

トンネルの歴史は古い

　トンネル掘削の歴史は古く、今から約 3700 年程度前のハンムラビ大王などの活躍した古バビロニア（紀元前 1950～1531）の時代に、ユーフラテスの川底を横断して幅 4.6 m、高さ 3.7 m の馬蹄形断面のトンネルを長さ 900 m 掘っている。川の流路を切り替えておいてから、溝を開削し積み上げた焼成レンガを天然アスファルト・ピッチで接着し、土を埋め戻して建設している[29]。

　わが国では寛文 6（1666）年から 4 年の歳月をかけて、箱根用水路トンネル（幅 2 m、高さ 2 m で長さ 1342 m）がノミと槌（つち）で掘られている。トンネルは両側から掘り進み、途中にはトンネルから地表へ立坑も掘って、空気の流通を図るとともに測量も兼ね、貫通点では 1 m の落差で完成している。この落差は水勢を和らげるための意図的なものともいわれており、当時としては素晴らしい精度での建設である[30]。菊池寛の『恩讐の彼方（かなた）に』にも出てくる有名な耶馬溪の"青の洞門"も、手掘りで掘ったトンネルで、僧禅海が享保 20（1735）年から 15 年の歳月をかけて、220 m の人道トンネルを完成させている。

このようにトンネルには長い歴史があり、地圧や岩盤の弾性係数が問題となる以前から掘られてきており、蓄積した経験と技術がある。後で述べる新しいトンネル掘削工法の"ナトム工法"が昭和50（1975）年頃に導入されてからは、岩盤の変形計測も体系的に行われるようになった。

材料としての岩盤の特性と外力となる地圧を、"まず測定して次にどう掘るかを考える"のではなく、通常の場合は"まずは掘ってみて、岩盤の材料特性と外力（地圧）の大きさを調べながら"建設することができたのである。

設計には外力としての地圧が大切

地圧の計測は、岩盤の弾性係数の計測に比べると難しい。以前は地下深部の鉱山の採掘による壁面の安定性の検討や、トンネル掘削時の"山はね"（掘削した壁面の岩盤が突発的に板状に割れて跳ね飛ぶ現象）の研究などのために、二次地圧などが計測されていた。近年、揚水地下発電所空洞などの巨大な空洞の建設などに伴い、地圧の重要性が認識され、ここ20～30年で色々な方法が提案されるなど測定法も進歩し、三次元初期地圧も計測されるようになってきたところである。つまり、昭和40（1965）年代になると、経済活動の進展につれて電力需要が増大し、電力事業では揚水発電所の建設が必要となってきた（第II編：岩盤が動くの冒頭参照）。その場合、高さ約50 m、幅20～30 m、断面積が1000 m^2 を越す巨大な空洞の建設が必要になる。しかし当時このように巨大な空洞建設はほとんど例がなかった。通常のトンネル断面が100 m^2 程度であるのに比べ、この巨大空洞の断面積は約10倍の規模で未経験の分野であり、トンネルと同じ考えでは立ち向かえない。どのような形状でどのように掘れば空洞は安定し

ているかを、"掘削する前に確かめる"必要がある。そのためには岩盤試験と同時に外力である初期地圧の測定もして、後で述べる掘削解析手法（第Ⅲ編：岩盤の動きを予測する参照）により事前の検討をし、掘削時には岩盤の変形などを計測しながら建設することになった。設計のために、材料としての岩盤の特性と外力となる地圧を、"まず測定して次にどう掘るかを考える"岩盤工学的アプローチをすることになった。

さらに、石油備蓄のための菊間、串木野、久慈の大空洞（高さ22〜30 m、幅18〜21 m、長さ110〜560 m）が建設された。ついでLPGを地下に備蓄するために愛媛県の波方や岡山県の倉敷の大空洞（高さ22〜30 m、幅18〜26 m、長さ490〜640 m）が建設中である。ニュートリノの研究で小柴昌俊さんがノーベル賞を受賞した神岡のカミオカンデの空洞に次ぐスーパーカミオカンデの空洞（直径40 m、高さ57 m）をはじめ、高温岩体発電や炭酸ガスの地中貯蔵、高レベル放射性廃棄物の地中処分などと、新しい地下構造物の建設が必要となってきた。そのため、地圧計測の重要性が大きくなって、測定方法も各種開発されて、三次元の初期地圧も求められるようになってきたのは最近の30〜40年程度のことである。

岩盤工学はまだまだ若い

先に述べたトンネルなどの地下利用やダム建設の歴史は古いが、その基礎となる岩盤工学の学問としての歴史そのものは比較的新しく、誕生してからまだ50〜100年足らずである。

アルプスのトンネル掘削で、岩盤の挙動からA. Heim（ハイム）が地圧について論文を書いたのは明治33（1900）年頃であり、K. Terzaghi（テルツァーギ）は昭和21（1946）年に、トン

(a) 完成したマルパッセダム[31]　　(b) 崩壊後のダム[32]
（写真：L. B. James）

図 39　マルパッセダムは基礎岩盤の断層のために昭和 34（1959）年に崩壊した

ネルにかかる荷重を提案している。昭和 25（1950）年頃になると、ヨーロッパではオーストリア地球物理・応用地質学会（Austrian Society for Geophysics and Engineering Geology）、アメリカでは米国応用地質学会（American Society of Engineering Geologists）が組織され、昭和 31（1956）年には、コロラド鉱山大学で第 1 回の岩盤力学に関するシンポジウムが開かれた。

　昭和 34（1959）年に、フランスで高さ 61 m のマルパッセダムが突如崩壊した。ダム設計の天才といわれたアンドレ・コインが設計したアーチコンクリートダムで、**図 39**(a)に見るように薄くて非常に美しく、経済性も優れたダムであった。しかしダムの基礎岩盤に断層があったために、貯水したときにダムが崩壊し、崩壊による洪水で 421 人の犠牲者が出た。また 4 年後の昭和 38（1963）年に、高さ 265 m のイタリアのバイヨントアーチダ

ムでは、ダム貯水池の山腹斜面が崩壊して、長さ1.8 km、幅1.6 km、厚さ83 m、体積にして2億4000万 m^3 の岩盤が貯水池に一挙に滑落した。ダム自体は壊れなかったが、貯水がダムを越えて高さ70 mの洪水波となって下流に押し寄せ、数十 kmにわたり町村を全滅させて、2600人の人々が亡くなった[32]。

これらの事故は社会に大きなショックを与えた。事故の発生に岩盤が深く関わっていたので岩盤工学の重要性が認識され、国際的な岩盤工学の組織として、イスルム（ISRM：International Society for Rock Mechanics、国際岩の力学学会）が昭和37（1962）年に組織された。そして、昭和41（1966）年に第1回目の国際会議がポルトガルのリスボンで開催された。日本でも昭和37（1962）年に土木学会に岩盤力学委員会が設置され、同年に第1回岩盤工学シンポジウムが開催されている。

コラム　[丹那トンネル──牛によるズリ運搬]

歴史が50〜100年といっても実感として分かりにくい。**図40**は丹那トンネルを掘削し始めた大正7（1918）年頃の牛によるズリ（発破で崩した岩石や土砂）の運搬状況を示している。現在の大型ダンプトラックやベルトコンベヤーなどによるズリ搬出に比べて、のんびりした感じを受ける風景であるが、これがわずか90年程度前のことである。

工事の最初は人力でトロッコ搬出したが、間もなく馬に代わった。しかしトンネルの中は暗く、わずかな音でも馬が驚き暴れて足を折ったりして馬が犠牲になるので次に牛に代わり、最後に電車搬出となった。沢山の馬が犠牲になったので、丹那トンネルの三島口には馬の霊を慰めるために馬頭観世音が建立された。

丹那トンネルは長さ7.8 kmの東海道線の鉄道トンネルで、大正7（1918）年着工、16年を要して昭和9（1934）年に完成した。高圧水の大量出水、断層、温泉余土などに苦労し、大変な難工事であったことで有名なトンネルである。さらに工事中の昭和5（1930）年には、北伊豆地震（マグニチュード7.

図40 牛によるズリの搬出（大正7（1918）年頃）[33]

（天の岩戸式想像図）

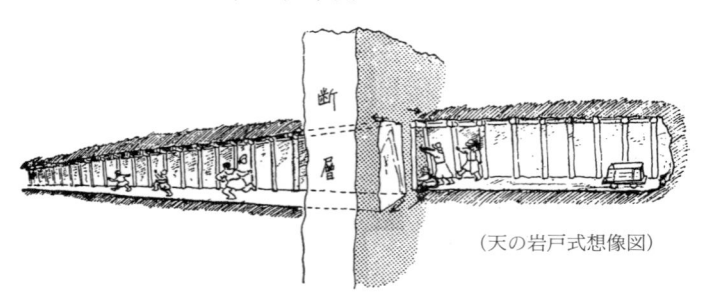

図41 北伊豆地震（マグニチュード7.3、昭和5（1930）年11月26日）で水平方向に地盤が約2.4 mズレ動いた[33]

3）で生じた地震断層のために、作業用のトンネルの切羽で岩盤が水平方向に約2.4 mずれてしまった。トンネル掘削がもっと進んでいたら、**図41**のようなことになっていたことになる。苦労の連続であったが、圧気工法、シールド工法、セメント注入工法など、当時で最新の技術を駆使して困難を克服した記念碑的トンネルである。

10. やはり地動説は正しい

　地表面が水平の場合、水平地圧 σ_H は弾性理論によれば鉛直地圧 σ_V に $\nu/(1-\nu)$ を掛けた値となる（**図42**）。ここで ν（ニュー）はポアッソン比で、岩盤の場合には 0.2〜0.4 程度である。したがって、水平地圧は鉛直地圧よりも必ず小さく、側圧比（σ_H/σ_V）は 1 よりも小さいことになる。しかし側圧比の実測結果は**表7**（p.58）で見たように約 1.4 で 1 より大きい。

　側圧比が 1 よりも大きいことは日本列島だけでなく、世界各地で計測された結果（**図43**）でも同じで、図中○印は外国での、●印は日本国内での計測結果である。地表面に近づくにつれて、地域によっては 5〜6 の値にまでなっている。この原因は前節で述べたプレート運動の結果と考えられている。つまり、プレートの下にあるマントルが流動するので、プレートがそのために水平方向に移動してお互いにぶつかり合い、水平方向に地圧が発生するという考えである。いま一つの原因は、地球の万有引力によって

$\sigma_V = \gamma \cdot h$

$\sigma_H = \dfrac{\nu}{1-\nu}\sigma_V$

$(\sigma_V \geqq \sigma_H,\ 1 \geqq \sigma_H/\sigma_V)$

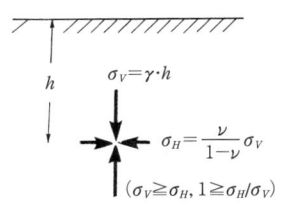

図42　初期地圧の側圧比（σ_H/σ_V）は、地表面が水平の場合 1 より小さくなる

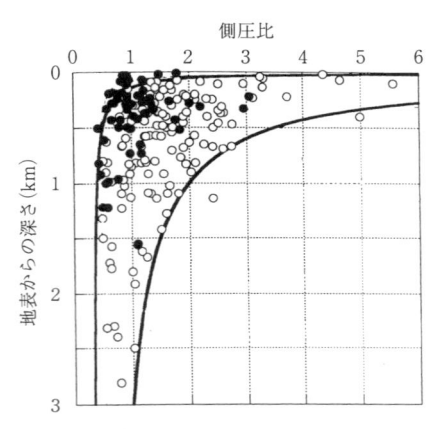

図 43 世界各地で測定した側圧比は大半が
1以上である（原図一部変更）[34]

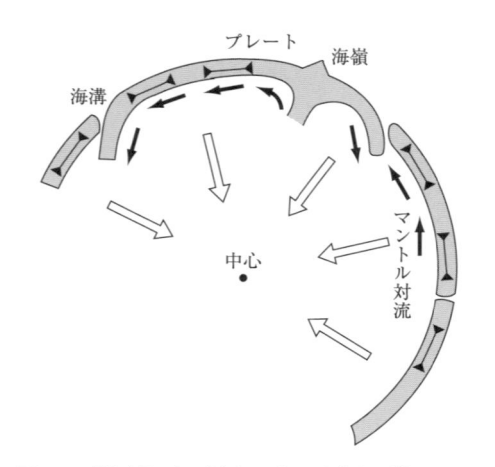

図 44 側圧比が1以上となる原因：①マントル対流でプレートは水平方向に動き、②万有引力でプレートは地球の中心に引き寄せられるので、プレート同士が水平方向に押し合う。その結果、水平地圧が大きくなる

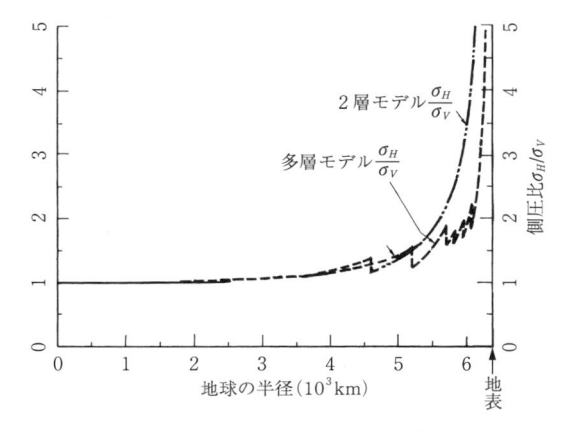

図 45 万有引力でプレートが水平方向に押し合うので地圧の側圧比が1以上になる（原図一部変更）[35]

プレートが地球の中心に向かって引き寄せられるので、その結果プレート同士が水平方向に押し合って応力が発生するという考え（**図 44**）である。この万有引力の影響による側圧比を計算した結果が**図 45** である。横軸は地球の半径で、最も右側の約 6.4×10^3 km が地表に相当する。地球の内部をマントルと核の2層にモデル化した場合と、それらをさらに細かく多層にモデル化した場合の結果で、いずれの場合も側圧比は地表に近づくにつれて4～5の値に近づき、実測結果の傾向と一致することが分かる。

中学生のときに国語の教科書で、天動説と対立したガリレオの地動説の話を読んだが、**図 42** で、天動説のように地表面を平らと考えると側圧比は決して1以上にならないが、地動説のように地表面を地球の一部で球面として考えると、実測結果を説明することができる。

ともすれば視点を固定して考えがちであるが、考えるスケールを変えて、地圧は地球レベルの現象であることに思いを致すべしということになる。

11. 強いものは耐えねばならぬ

青函トンネルは昭和46（1971）年に工事が開始され、地質が大変悪く、途中大量出水があるなど難工事の末、昭和62（1987）年に完成した長さ54 kmの世界に誇る長大トンネルである。トンネルは海底から約100 m、海水面からは最大で240 mの深さにある。建設のために地質調査・岩盤試験などが行われ、私も何回か現場を訪れた。調査坑に入っていたときにたまたま地震があり、地上の吉岡工事事務所では揺れがかなり大きく、調査に入っていた我々の身を案じられたが、我々は全然気がつかず、地下の方が耐震的に安定していることを身をもって実感したものである。

この青函トンネルの調査坑で地圧測定が行われた。測定位置は**図46**のB9のごく狭い範囲であったにもかかわらず、測定結果

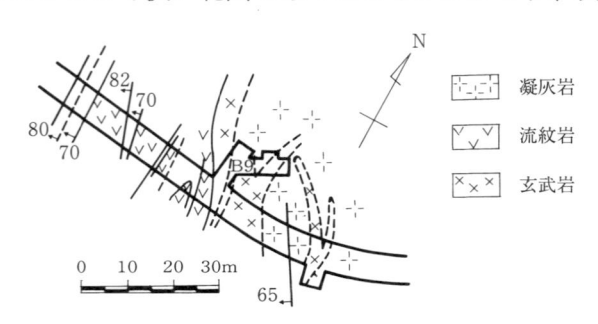

図46 初期地圧の測定位置（青函トンネル調査坑：B9)[36)]

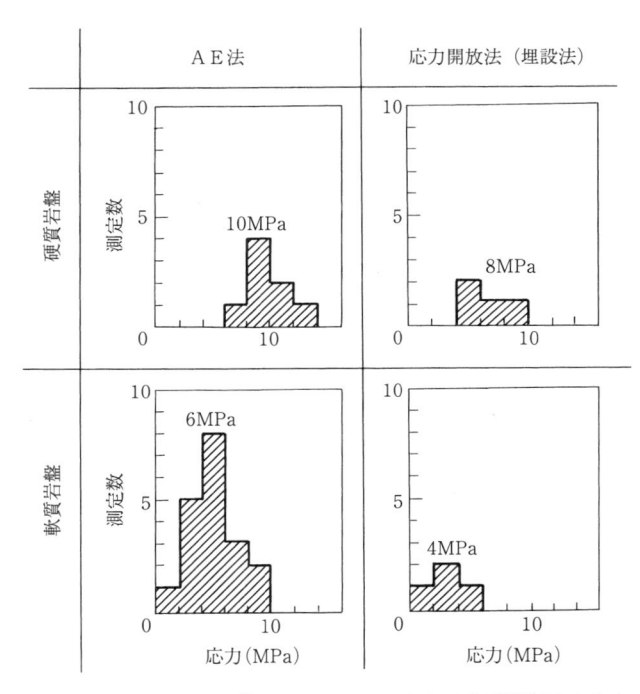

図47 岩盤が硬いと軟らかいところよりも初期地圧は大きい[36]

のバラツキが大きかった。そこで横坑壁面やボーリング孔を詳細に調べてみると、調査位置の岩質は2種類に分けられ、ほとんど風化していない堅硬緻密な硬岩と、風化して比較的軟質な軟岩であることが分かった。そこで岩盤の硬軟に応じて測定結果を整理し直すと**図47**の結果が得られた。横軸は地圧の大きさで縦軸は測定した個数である。その結果、応力開放法（埋設法）による場合、地圧の大きさは硬質岩盤では約8 MPa、軟質岩盤では約4 MPaであり、硬い岩盤では軟らかい岩盤よりも約2倍の大きさとなっていることが分かった。同表のAE法は、岩石供試体に

荷重をかけるときに発生するAE（acoustic emission、音響放射）の、カイザー効果を利用して地圧を計測する測定法であり、硬質岩盤では約10 MPa、軟質岩盤では約6 MPaである。やはり硬い岩盤の方が軟らかい場合よりも大きい傾向を示している。

硬い岩盤と軟らかい岩盤を同時に押せば、硬い岩盤の方が変形しにくいためにより多くの荷重を分担するわけで、硬い岩盤は強いがために荷重をより多く受けて耐えていることになる。
日本列島の地質は地殻変動のために激しくもまれていて、岩盤の種類や風化の程度が複雑に変化し、硬い岩盤と軟らかい岩盤が入り混じっている。したがって、地圧測定の位置選定には十分な注意が必要となる。またトンネルや地下空洞を掘る場合に、岩種や風化度が違っていれば、地圧の大きさは同じではないと考える必要があることになる。

12. 天然材料なるがゆえのバラツキ

コンクリートや鉄のような人工材料と違い、岩盤は天然の材料なるがゆえにバラツキがある。岩盤を扱う場合、このバラツキをどこか頭の隅に、常に置いておくことが肝心である。しかし実際には、数値がばらついていてもその平均値が大きな顔をしてまかりとおり、バラツキの程度を表す分散や標準偏差は姿を現さない場合が普通である。というのも、標準偏差を求めようとすればデータの数が少なくとも10～20個程度必要であるが、岩盤試験や地圧測定は経費と労力がかかるので、試験個数を多くとることができないのが現状である。

弾性係数を求める平板載荷試験でみれば、一種類の岩盤について測定は3カ所程度で、さらにせん断試験で求める強度（τ_R, σ_t）または（C, ϕ）は通常一組なので、標準偏差の値など求めることができない。求めることが無理ならば、せめて平均値を出した元データが、どの程度ばらついていたかを知っておくことが大切である。そこで以下には何地点かのデータを示し、バラツキの程度を見ていくことにする。

材料としての岩盤の変形と強度のバラツキ

まず、平板載荷試験（直径30 cm 載荷板）で求めた変形係数 D（荷重を階段状に繰り返し載荷したときの包絡線の勾配から求めた係数、**図13**参照。係数を求めた荷重レベルは1～2 MPa）の値のバラツキを示したのが**図48**である。一地点の試験個数は3、4カ所程度の場合が普通であるが、多いところでは数カ所以上で行っている地点もある。バラツキの程度は図中にプロットしたデータの散らばりから分かるが、一つの目安として測定値の最大値 $D_{\max}$ と最小値 $D_{\min}$ の比（$D_{\max}/D_{\min}$）で見ると、その値は図中の（　）内に示したように1.3～6.3で、平均では約2.8程度、大きい場合には6倍程度の違いがあることが分かる。

バラツキの分布がどのような形をしているのかは、個々の地点での試験個数が少なすぎて求めることができない。そこで地点は違うが、同じ岩盤等級での結果を多数まとめて調べた一例が**図49**である。弾性係数（C_H級岩盤）について調べたもので、データの数は21個である。図中の◇はデータの分布形状を近似したもので、分布形は非対称（ワイブル分布）となっている（データの数がもっと増えれば、分布の形も変わってくる可能性がある）。平均値は11.3 GPaで、データの散らばり度合いを示す標準偏差

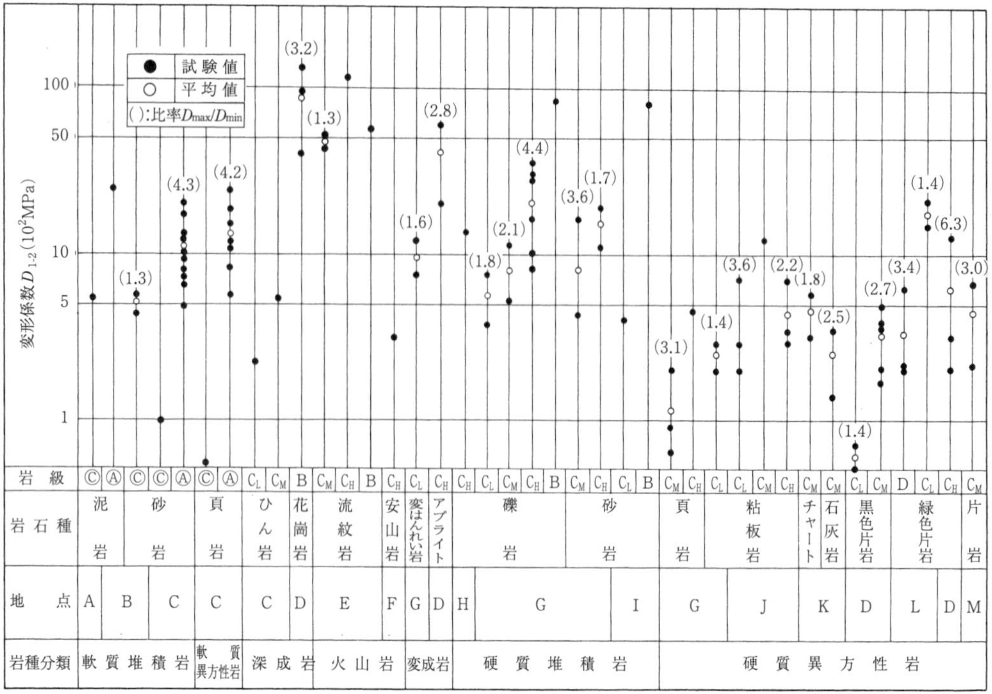

図 48　測定した岩盤の変形係数 D のバラツキは大きい（原図一部変更）[37]

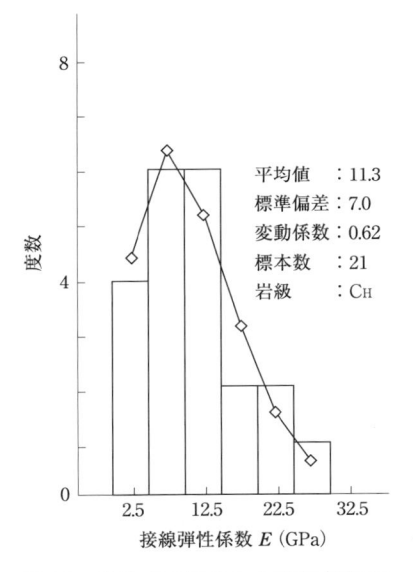

図49 多地点で得られた弾性係数Eのバラツキは大きく、分布は非対称な形をしている（原図一部変更）[38]

は、平均値の6割に相当する7 GPaとなっている。標準偏差が大きいとデータの分布は背の低い山の形となり、小さければとんがった山の形となり、バラツキがないときには標準偏差はゼロとなる。同一地点のデータであれば、この標準偏差はもっと小さくなるものと思われる。

強度については第Ⅰ編の8節で説明したように、通常は4個程度の供試体のせん断試験を行い、一次式の直線表示の場合一組の(C, ϕ)の値を求める。その値を求めるときにも**図31**の例で分かるように、ａｂ線上に4点がプロットされているわけではなく、

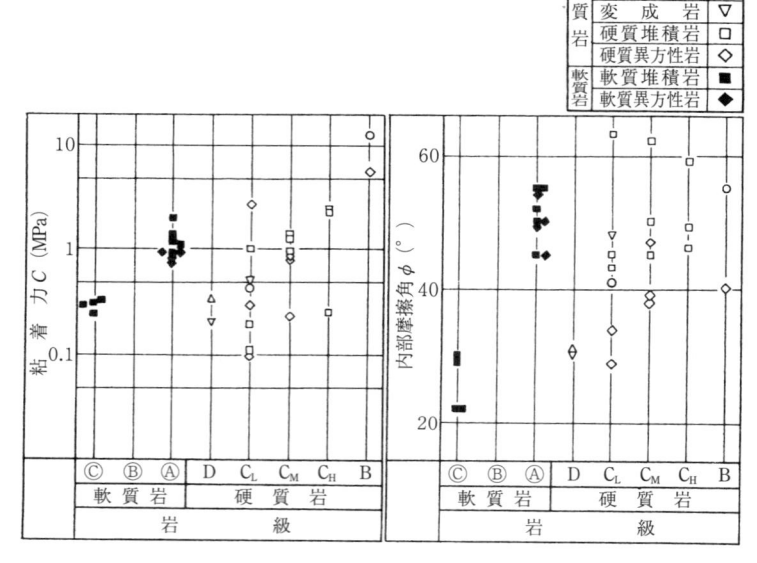

岩種分類	記号
硬質岩 深成岩	○
硬質岩 火山岩	△
硬質岩 変成岩	▽
硬質岩 硬質堆積岩	□
硬質岩 硬質異方性岩	◇
軟質岩 軟質堆積岩	■
軟質岩 軟質異方性岩	◆

図 50 多地点で測定した岩盤強度（C, ϕ）の岩盤等級ごとのバラツキも大きい[39]

上下にばらついている。4点の結果をにらんで通常は平均のところを強度として線を引いている。(C, ϕ) の数値は一組だけであるのでバラツキを検討しようにもすべがない。そこで平板載荷試験の場合と同様に、地点は違うが同じ岩盤等級ごとにまとめて (C, ϕ) を調べた例が**図 50**である。データの個数が少ないので数量的な違いはさておき、傾向として C、ϕ ともに軟質岩よりも硬質岩の方がバラツキが大きいことが分かる。

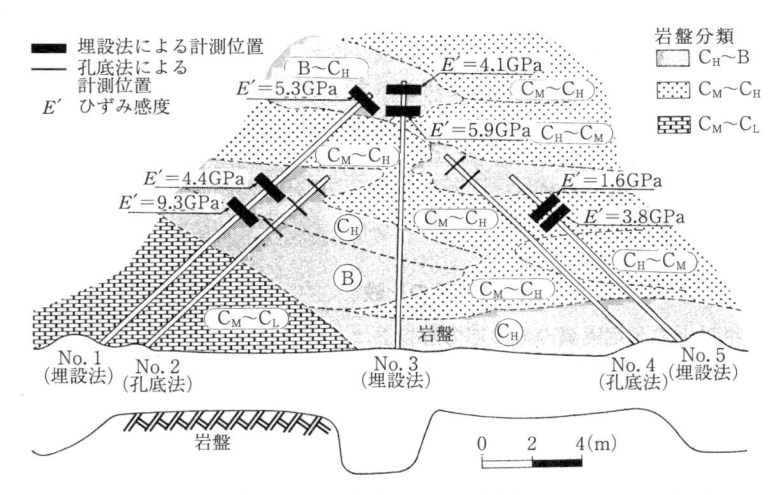

図 51 2種類の方法による初期地圧の測定位置と岩盤の等級[40]

外力としての地圧のバラツキ

　初期地圧の値もせん断試験の場合と同様に、一地点の測定個数が少ないので、バラツキの大きさを検討できるような測定例はほとんどない。そこで岩盤の硬軟の違いによるバラツキを見てみると、**図 47** では埋設法によると硬岩で 8 MPa、軟岩で 4 Mpa、比率として約 2 倍となっている。

　別の例として流紋岩の地点（**図 51**）での結果を調べてみる。測定は約 20 m 四方程度の狭い範囲で行っているが、同じ流紋岩でも岩盤の等級が C_M、C_H、B と変化しており不均質である。そこで埋設法で測定した地圧の値を、ひずみ感度係数 E'（ひずみ計を埋設した状態で切り出した外径 197 mm のコアの弾性係数）と比較すると **表 8** が得られた。この表によれば、E' が 4.9 GPa のとき σ_1 は 9.0 MPa であるが、E' が 6.3 GPa と大きくなると σ_1 も 11.7 MPa と大きくなっており、その比で見ると1.3（117/

表 8 岩盤が硬い（感度係数 E' が大きい）と初期地圧は大きくなる（原表一部変更）[36]

使用データ （ボアホール番号）	感度係数 E' (GPa)	主応力（MPa）		
		σ_3	σ_2	σ_1
1	6.3	6.6	9.4	11.7
1, 3	5.8	5.5	7.3	9.9
1, 3, 5	4.9	4.6	6.2	9.0

90）倍の違いとなる。

図47の結果もあわせて考えると、岩盤の硬軟による地圧のバラツキは3～10割程度となる。

この地点では**図51**に見るように5本のボーリングを行い、No.1、No.3、No.5の3孔では埋設法を、No.2、No.4の2孔では孔底法（ひずみ計を小口径のボーリング孔の孔底に貼り付け、次に大口径でオーバーコアリングして応力開放をする測定法）を実施している。そこでこれら二つの地圧測定法の違いによる影響（**表9**）を見ると、埋設法では第一主応力は $\sigma_1 = 9.0$ MPa であり、孔底法では $\sigma_1 = 15.9$ MPa となっている。比率で見れば1.8

表9 測定方法の相違（孔底法と埋設法）によっても初期地圧の大きさは約1.8倍違う（原表一部変更）[36]

測定方法 ＼ 初期地圧	主応力（MPa）		
	σ_3	σ_2	σ_1
埋設法	4.6	6.2	9.0
孔底法	3.1	11.3	15.9

(15.9/9.0) 倍の違いであり、使う手法の違いによっても結果に相違が出てくることが分かる。

この原因としては、岩盤の割れ目に対するひずみ計の大小の違いによる影響や測定位置の違いなどが影響していると思われる。つまり、埋設法で使っているひずみ計の長さは 50〜90 mm（孔径方向 50 mm、孔軸方向 90 mm）であるのに対し、孔底法のひずみ計の長さは 5 mm である。したがって、埋設法の方が孔底法に比べて長さで 10〜20 倍の岩盤部分の平均的なひずみを測るので、微細なひび割れや岩盤の硬軟の影響もより受けやすく、いわばひずみ計の"サイズ効果"で、埋設法の方が孔底法よりも小さい地圧になったことが考えられる。

図 47 で埋設法と AE 法とでは地圧の大きさが異なっているが、埋設法は現在の地圧の値を示すのに対し、AE 法では岩盤が過去に受けた最大の地圧の値を示すといわれているので、AE 法と埋設法の測定方法の違いによる比較はここでは行わないことにする。

地圧測定は、平板載荷試験などに比べて測定が難しく経費もかかるので、地点あたりの測定点数も少なく、同一地点で異なる手法で測定した例は極めて少ないのが現状である。バラツキや測定精度向上のために、今後さらに研究を深めることが必要な事項である。

以上に見るように、"材料"の基本特性である弾性係数と強度、そして"外力"となる地圧の両方ともバラツキが大きいことが分かる。これらの値を解析や設計に使う場合、通常は平均値を用いているのが現状である。平均値が同じでも測定値のバラツキの大きさが違うことは、いま見てきたとおりである。岩盤を対象とす

るときには平均値だけでなく、常に元の測定値のバラツキ程度を調べ、バラツキが大きい場合には、その影響を考慮して解析や設計をする必要があることになる。しかし、データの個数が少ないので、元データのバラツキの大きさやその分布形状を求めるのが難しい。これら材料と外力の両方にある不確定性（バラツキ）をどのように評価するかが今後の課題の一つとなっている。岩盤がモザイク模様となっている日本では、特に重要な問題である。

トンネル・空洞などとダム・橋とでは外力・材料の特性が違う

　ダムや鉄橋は、材料が鉄やコンクリートなどの人工材料であるので、弾性係数などもバラツキが少なく、材料の特性は明確で確定的である。外力も自重や水圧、列車の重量などであるのではっきりしている。それに比べてトンネルや空洞は、いま見てきたように材料が天然の岩盤であるので、弾性係数や強度にはバラツキがあり、材料の特性は不確定性を伴う。外力となる地圧も岩盤の硬軟によってもバラツキがあるなど不確定的である。これらの関係を概略的にまとめると**表10**のようになる。橋や建物の場合には外力として風力もあり、また地震による外力はどの構造物でも場合により考える必要があるが、比較を分かりやすくするためにこの表では除外している。大規模空洞や深いトンネルの場合、水圧が全面的に作用すると大きな外力となる。このような場合、空洞などの周辺に排水坑を掘ったり、ボーリング孔（排水孔）を掘って、水圧を逃がして、外力とならないように配慮している。

　表の中で、ダムや橋の基盤や斜面で弾性係数Eが擬似的に一定とあるのは、岩盤にダムの重量や水圧が外力として働くと、岩盤の弾性係数は応力のレベルによって変化するが、その変化の幅があまり大きくない場合、その間の平均値などを使って近似的に一

表10 外力・材料の特徴のとらえ方−岩盤がモザイク模様の日本では、大空洞や深いトンネルなどではダム・橋などと違い、材料と外力の両方に不確定性（バラツキ）を伴うのが特徴である

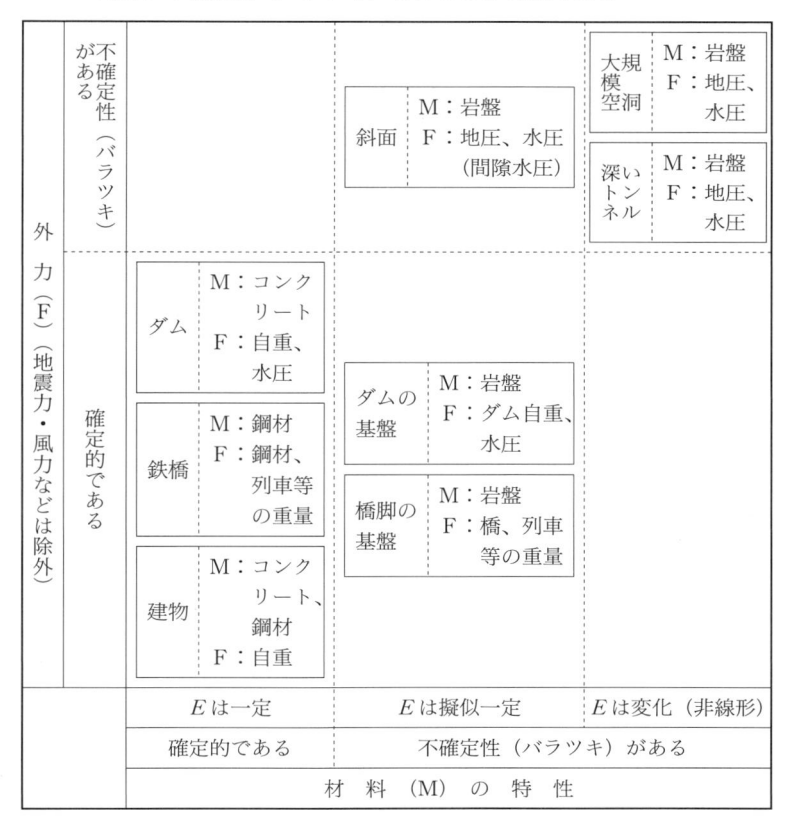

外力(F)(地震力・風力などは除外)	不確定性（バラツキ）がある			斜面 / M：岩盤　F：地圧、水圧（間隙水圧）	大規模空洞 / M：岩盤　F：地圧、水圧 深いトンネル / M：岩盤　F：地圧、水圧
	確定的である	ダム / M：コンクリート　F：自重、水圧		ダムの基盤 / M：岩盤　F：ダム自重、水圧	
		鉄橋 / M：鋼材　F：鋼材、列車等の重量		橋脚の基盤 / M：岩盤　F：橋、列車等の重量	
		建物 / M：コンクリート、鋼材　F：自重			
		E は一定	E は擬似一定		E は変化（非線形）
		確定的である	不確定性（バラツキ）がある		
		材　料　(M)　の　特　性			

定としているということである。また、E が変化とあるのは、地表から深いところにあるトンネルや大規模な空洞では、地圧が大きいので、掘削すると岩盤の応力が大きくなって局部的に破壊したりする。したがって、この破壊に近づくことによる弾性係数 E

の変化も考慮してトンネルや空洞の安定性を検討することが必要になることを示している（詳細は第Ⅲ編の3節：岩盤が変化する特性をどう表現するか参照）。

第Ⅱ編

岩盤が動く

電中研に私が入って1、2年たった昭和40（1965）年頃、地下に大空洞（高さ51 m、幅25.6 m、長さ60.4 m、断面積1272 m²）を掘削して、揚水発電所を建設することになった。電力の使用量は昼間がピークで深夜には少なくなる。そこで夜間の電力需要の少ないときに、発電機をモーターとして水車を回して、水を高いところにある上池に貯めておき、昼間の電気が必要なときに、その貯めておいた水を低いところにある下池に落として発電するのが揚水発電である。普通の水力発電では、川の水の流れを利用して水車を回すので、発電所は地上にあるが、揚水発電では地下に空洞を掘って地下発電所をつくることになる。

　この巨大な地下空洞を、どのようにして安全に掘ったらよいかという問いかけが電中研にきた。道路や鉄道のトンネルは直径が10 m程度で断面積は約100 m²であるのに対し、これからつくろうとする空洞の断面積は10倍以上である。高さでみればアメリカの自由の女神像がすっぽり入る高さで、このような大規模な空洞の建設例はその当時ほとんどなかった。**図52**は地下発電所空洞の掘削時の写真と、新幹線トンネル（直径約10 m）との比較であり、大きさの違いがよく分かる。

　調べてみると黒部第四ダムにある地下発電所（運転開始昭和36（1961）年）の空洞は、高さ33.9 m、幅22.4 m、奥行き119.4 mで、断面積は620 m²と大きいが、これから掘ろうとする空洞はそれよりもさらに2倍の大きさである。また、神奈川県企業庁の地下発電所（運転開始昭和40（1965）年）の空洞は、高さ40 m、幅20 m、長さ110 mで、地表から約200 mの地下に建設されている。その空洞を見学してみると、掘削時に空洞の側壁がはらみ出して、H型鋼（断面がHの形をした鋼製の補強材）でその変形を抑えたとのことで、H型鋼の一部が完成した空洞壁面に

(a) 手前の人との比較で空洞（たまご型）の巨大さがわかる（写真：東京電力（株））

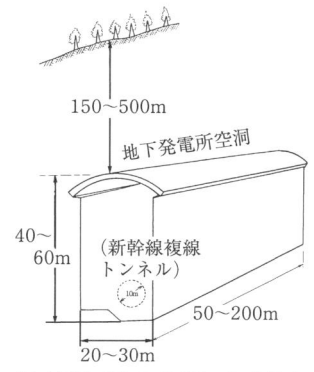

図 52 掘削中の地下発電所空洞（たまご型）の写真と新幹線トンネルと空洞（きのこ型）の比較

(b) 空洞（きのこ型）の寸法と新幹線トンネルとの比較

残っており、大空洞掘削の困難さを見る思いであった。

問題提起を受けた電中研では、私の上司の林正夫博士が中心となり、わが国に紹介さればかりの有限要素法（数値解析手法の一

表 11 我国における地下発電所空洞の規模、岩盤の種類、

	地点（年）	岩盤の種類	空洞寸法（m）		
			高さ	幅	長さ
1	KSY(1968)	粘板岩、砂岩、チャート	51.0	25.6	60.4
1a	STN(1971)	花崗岩	46.5	22.4	140.5
2	NKP(1972)	輝緑凝灰岩	43.8	19.8	50.8
3	OTG(1972)	流紋岩、輝緑岩	49.2	24.9	133.4
4	OHR(1973)	砂岩、粘板岩	45.4	22.0	82.8
5	NBR(1974)	花崗岩	47.7	25.0	85.6
6	STS(1975)	花崗閃緑岩、閃緑岩	54.5	27.0	165.0
6a	MZG1(1975)	石英斑岩	50.6	23.2	57.4
7	OYN(1976)	頁岩、砂岩	41.6	20.1	157.8
8	OYG2(1978)	花崗岩	47.8	22.4	103.3
9	NZN2(1979)	流紋岩	47.6	26.0	96.5
10	TBR(1979)	礫岩	49.5	26.6	116.3
11	ARM(1979)	花崗岩	20.8	14.6	30.0
12	HKW(1980)	黒色片岩	47.4	24.3	98.0
12a	SMG(1980)	閃緑岩、砂岩	45.5	22.0	171.0
13	TKM(1981)	輝緑凝灰岩	43.3	21.5	55.0
14	MTN(1981)	花崗岩、ひん岩	46.2	23.5	155.5
15	TZN(1982)	花崗閃緑岩	48.0	24.0	89.0
16	IMI(1982)	砂岩、角礫岩	51.0	33.5	160.0
17	SBR(1986)	流紋岩	51.0	29.0	165.0
18	KZG(1993)	泥岩、砂岩	54.0	34.0	210.0
19	OTGa(1994)	流紋岩	47.0	25.0	130.0
20	KNG(1998)	混在岩	51.4	33.0	216.0
21	OMG(2003)	花崗閃緑岩	48.1	24.0	188.0

1) E_0：弾性係数、τ_R：強度、α：クリープ係数　2) σ_{x0}：水平地圧、

つで、対象となる岩盤などを二次元または三次元の小さな三角形などの要素に分割して表現し、応力と変形を近似的に解析する手法）を使って、"掘削解析手法（岩盤を掘削するとどのように応力が変化し、変形が発生するかなどを調べる手法）"を開発することになり、私もその下で協力することになった。

初期地圧、岩盤物性値

初期地圧（MPa）[2]			h(m)	岩盤の物性[1]		α
σ_{x0}	σ_{y0}	τ_{xy0}		E_0(GPa)	τ_R(MPa)	
1.3	3.9	—	250	6〜12	1.5〜2.9	0.16
—	—	—	220	—	—	—
3.3	4.4	0.7	110	24	2.4	0.16
5.8	6.5	—	240	5〜10	3.9〜4.9	0.05
5.7	7.8	1.6	280	10〜29	1.0〜2.5	0.17
7.2	6.3	1.1	180	3〜9	0.5〜1.5	0.20
2.0	5.9	2.2	250	14/7 [3]	3.1/1.3 [3]	1.0
3.4	3.4	—	117	8.1	2.9	—
6.6	6.9	2.3	180	13/6	2.0/0.8	0.30
7.4	10.8	1.0	340	15/7.5	2.6/1.2	0.80
4.5	3.4	0.8	160	10	1.4	0.1
4.5	7.0	1.9	240	16〜20	2.4〜2.9	0.40
1.3	1.9	—	63	4/2	1.7/1.3	0.40
5.4	7.1	0.9	270	12/8	2.5/1.3	0.70
8.5	3.2	1.2	120	4〜6	1.5	—
7.1	5.9	0.2	220	3〜8	0.14	0.80
18.5	12.5	6.6	350	20/10	2.9	0.50
15.0	11.0	1.2	500	25	7.4	0.50
7.6	9.1	0.	400	18	1.9	0.40
3.0	4.7	0.4	200	3〜5	1.0	0.05
11.1	12.3	0.3	500	12/10, 6/5	1.5〜0.8	0.1
7.6	6.6	1.8	250	16	1.3	0.07
6.0	11.1	3.2	480	30/15	2〜5	—
5.9	9.8	1.0	410	8〜20	1.6	—

σ_{y0}：鉛直地圧、τ_{xy0}：せん断応力、h：被り深さ　3) 異方性

　開発した掘削解析手法を適用して空洞掘削は終了したが、その後平成15（2003）年にかけて、次々と20を越す地点で揚水発電所が建設され、各地点の空洞安定性を事前に検討するとともに掘削時の岩盤計測に携わってきた。**表11**にはそれら発電所空洞の規模、岩盤の種類、初期地圧などを示す。掘削解析手法について

は第Ⅲ編：岩盤の動きを予測するで述べることにし、これらの地点での計測結果から、岩盤挙動の特徴が分かってきたので、興味ある二、三の事項について紹介する。

1. 等方性のなかの異方性

節理が異方性の張本人

　空洞を掘削するときの岩盤応力や変形の予測を、"掘削解析手法"で行い、その解析結果を持って空洞建設現場へ行き、電力会社の担当者と一緒に、計測結果と比較して空洞の安定性を検討していた。

　No.6地点（空洞の規模や岩盤特性は**表11**参照、位置は**図36**参照）で地下空洞を掘削しているとき、解析結果と計測結果を比較すると、空洞変形の発生傾向が異なっていた。なぜだろうと現場の人と原因解明で苦しんでいるとき、平板載荷試験で求めた弾性係数は、水平方向と鉛直方向で同じような値だったので、岩盤を等方性と考えていたが、この地点の岩盤は花崗閃緑岩で節理が多く、それら節理の卓越度が12％と他の地点と比べると大きいことに気がついた。

　どうやら卓越した節理のために、岩盤が異方的な挙動をするのに、平板載荷試験の結果から、等方性と考えていたのが間違いの原因ではないかということに思い至った[41]。

　図53は卓越節理と異方性発現の概念の説明である。図中(a)の200個の節理のうち180個は、節理の方向が全くランダムな節理(b)とすれば、これらランダムな節理は岩盤の弾性係数や強度を低下させるように作用するが、岩盤としては等方性である。残りの

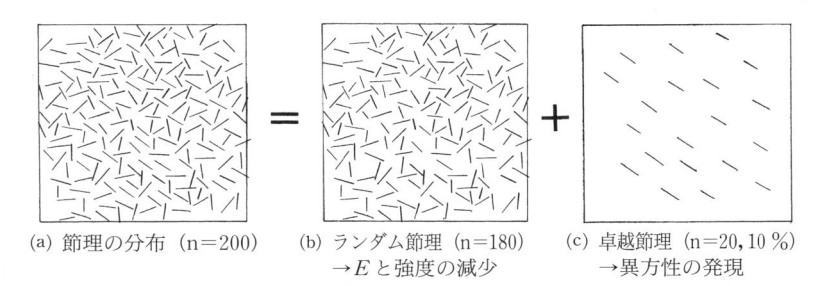

(a) 節理の分布 (n=200)　　(b) ランダム節理 (n=180)　　(c) 卓越節理 (n=20, 10％)
　　　　　　　　　　　　　　→Eと強度の減少　　　　　→異方性の発現

図 53　ランダム節理と卓越節理が岩盤物性に及ぼす影響の概念

20個の節理(c)が一定方向に並んでいる（このことを節理が卓越しているといい、その卓越度は全体に対する比率を％で表現する）と、弾性係数や強度に異方性を生ずる可能性がある。

　多数ある節理のうちの一部が一定の方向を向いていれば、岩盤の特性が異方的になるということは、考えてみれば納得できる。しかし、では具体的に卓越度がいくらになれば、弾性係数はどの程度の異方性を示すかとなるとデータはないに等しい。平板載荷試験でも、載荷板直下にある岩盤の個々の節理の影響を受けるが、卓越節理の影響の場合にはもっと広い範囲の岩盤の節理が対象となる（94ページ、本節の4項）。

　砂岩や片岩などは**表 4**（p.37）で見たように、層理面や片理面の影響で異方性が生ずるので、平板載荷試験などを行うときに載荷方向を変えて直接的に異方性を測定することができる。また**図3**の玄武岩などの柱状節理は方向性が一見して分かる。しかし花崗岩などの節理の場合、調査坑の中に立ち止まって節理の方向を観察しても、通常はいろんな方向を向いていて、それらの節理に方向性（卓越性）があるのかないのか判断するのは大変に難しい。そこで空洞を建設する場合には、空洞周辺の調査坑壁面で、個々の節理の方向（走向と傾斜）を数百mにわたって調べる。走向

は節理面が水平面と交わるときの交線の方向であり、傾斜は節理面が水平面となす角度である。そしてそれらの節理に卓越性があるかないかを調べるにはステレオ投影法を用いる。

三次元を二次元へ──ステレオ投影法

ステレオ投影法を使うと、三次元状態にある節理を二次元の面上の点として表現できるので理解しやすく、卓越度の程度が容易に分かる。**図54**で見るように球（基準球）を想定して、中心O点を通るように節理面Jを置く。節理面に法線を立ててその延長線が下半球の球面と交差した点P′と点U（天頂）を結び、その線が水平面（投影面：赤道面）と交差する点P（α/β）を求める。

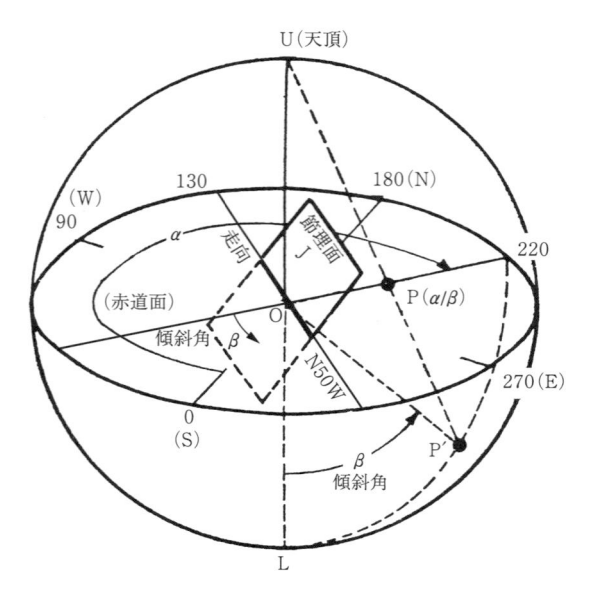

図54 節理面Jを投影面（赤道面）上に点Pとして投影するステレオ投影法（下半球投影）

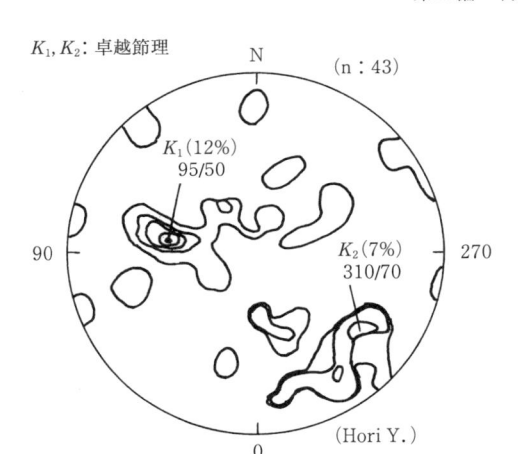

図55 赤道面上にプロットした節理面の密度（％）を等密度線で示す（No. 6 STS 地点）

　この操作により、三次元空間の節理面Jを、赤道面という二次元の平面上の点Pとして表現することができる。$α$は赤道面上で南（S）を起点として時計回りに測った角度で、90°引いた値が走向の方向を示す。$β$は傾斜角で、傾斜角がゼロのときにP点は中心Oにプロットされ、90°のときには赤道面の外周円上にプロットされる。図の節理面Jの例では、走向はN 50 W（北から50°西）なので$α$は220°となる。

　調査坑の壁面に現れた個々の節理面を、この方法に従って赤道面上にプロットし、点の分布密度を％表示して等密度線を描いた結果の一例が**図55**である。この場合、卓越節理は二つあり、第一卓越節理 K_1（95/50）の密度（卓越度）は12％となっている。$α=95°$であるので第一卓越節理の走向はN 5 Eで、$β=50°$で南東側に50°傾斜していることが分かる。

ただし、卓越度が12％の場合、その岩盤の弾性係数はどの程度の異方性を示すかとなると、この問題はほとんど研究がされていない。そこでまず、節理が岩盤の弾性係数にどう影響するか調べることにした。

No.6地点では岩盤三軸試験（**図16**）が行われていて、その供試体（1m×1m×1m）には節理が含まれている。そこで供試体の中で最も顕著な節理に着目して、載荷する方向と節理面とのなす角ω（オメガ）と弾性係数との関係を調べた。その結果が**図56**で、半径方向には弾性係数Eを、円周方向にはωをとっている。供試体1ではωの値によってEが17〜25 GPa、供試体2では12〜19 GPaと変化している。節理面と載荷する方向との交角ωが0°から90°まで変化すると、弾性係数は最大で2倍程度変

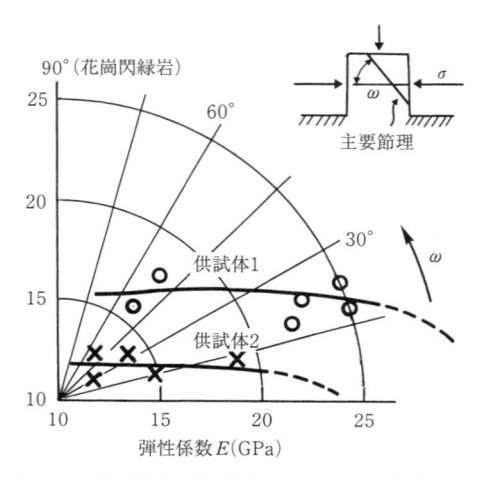

図56 節理面と載荷方向とのなす角度ωが大きくなると弾性係数は小さくなる（No.6 STS地点）

化する可能性があることが分かった。

　節理が岩盤の弾性係数に及ぼす影響は、節理の数、節理面の大きさやかみ合わせ状況などで変化する。また、地下空洞全体を包含するような大きな広がりの中での多数の節理と、この三軸試験の供試体での単一の節理とでは、その異方性の程度が違うことも考えられるが、弾性係数の異方性度（最大値／最小値の比）として、この地点では2の値を掘削解析に取り入れて実施してみた。すると、岩盤を等方性として解析した場合に比べて、実際の空洞の変形挙動をかなり説明できる結果となった。

節理がそろうと異方性が現れ、弾性係数が2倍も変化する

　No.6地点の次に2、3年経ってからNo.8地点の空洞[42]が建設されることになった。この地点の岩盤は花崗岩で、No.6地点の花崗閃緑岩、閃緑岩と親類の岩盤である。調査結果ではこの花崗岩節理の卓越度は11％であった。No.6地点の経験を活かして異方性岩盤として掘削解析をして、その結果を持って現場へ説明に行った。

　No.8地点では、卓越節理の方向と空洞の壁面が平行に近い配置となっていたために、異方性の影響が強く、空洞壁面の変形が他地点の空洞よりも大きくでる結果となっていた。その結果を見た現場の担当課長は、こんなに変形がでるのかと、丸い目をさらにまん丸にして怒らんばかりであった。今までの地点に比べると確かに変形量が大きく、強く言われるとこの結果は大丈夫かなあと心配にもなったが、岩盤条件を入れるとそうなるんです……と心でつぶやいた。掘削が進んでみると、果たせるかな壁面の変形は大きく、空洞の安定性は大丈夫かとやきもきしたが、幸い空洞掘削は無事完了した。

表 12 巨大空洞掘削時に、岩盤が異方的な変形を示した地点の節理卓越度 K は、約 10 ％程度以上である

地点	岩盤の種類	節理系の卓越度 K
6 OSTS (1975)	花崗閃緑岩、閃緑岩	12 ％
8 OYG 2 (1978)	花崗岩	11 ％
11 ARM (1979)	花崗岩	10 ％
14 MTN (1981)	花崗岩、ひん岩	9 ％

　節理の卓越度の大きさと異方性の大きさとの関係は、今後さらなる研究を待たねばならないが、これまでに掘削した地下発電所空洞（**表 11**（p.86）参照）のうちで、岩盤変形の計測結果から岩盤の異方性が観察された地点の節理卓越度を示すと、**表 12** のとおりである。岩種はいずれも花崗岩類が主で、節理の卓越度 K は 9〜12 ％である。これらの地点では岩盤を異方性と考えその異方性度を 2 として掘削解析し、実測結果ともほぼ対応することが分かった。

　したがって、K の値が約 10 ％程度以上となると岩盤は異方性的な挙動を示し、弾性係数の最大値と最小値の比率（異方性度）は約 2 程度になると考えられる[43]。ただし、同じ 10 ％といっても、節理の頻度・間隔・大きさや節理面の充填物の性質などにより、その異方性度は違ってくると考えられ、今後さらに詳細な研究が必要である。

対象となる岩盤の広がりが大きいと異方性が現れてくる

　卓越節理による異方性を考える場合、対象となる"岩盤の広がり"が重要な働きをすると考えられる。同じ花崗岩の岩盤でも、断面積が 100 m² 程度のトンネルの場合には等方的に挙動しても、地下発電所空洞のように断面積が 1000 m² 程度の巨大な空洞を掘

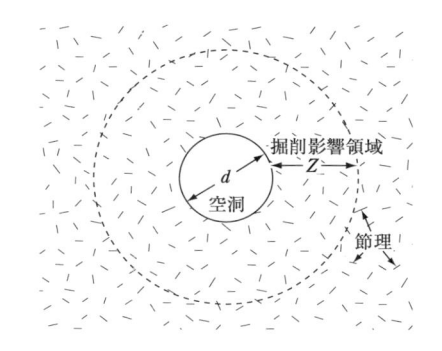

図 57 "掘削影響領域 Z" に含まれる節理（節理は強調して表現）の個数が十分に多いと異方性が発現する

削すると、卓越節理の影響で同じ岩盤なのに異方的な変形をする。つまり空洞の規模により、同じ岩盤が等方的に挙動したり異方性的に挙動したりすることになる。この理由は**図 57**で見るように、掘削により影響を受ける（あるいは掘削により岩盤が動く）"掘削影響領域 Z" の大きさが関係してくると考えられる。断面が小さいと Z も小さいので、その領域内の節理の数が少なくなり異方的な挙動は現れない。しかし、掘削断面が大きくなると Z が大きくなるので含まれる節理の個数が多くなり、その結果卓越節理の影響が現れてくると考えられる。また、節理の卓越度が大きければ Z が小さくても異方性が発現する可能性も大きくなってくる。したがって、卓越度の大きさと掘削影響領域 Z の大きさの両方が異方性の発現に関係し、それらの関係は**図 58**のようになると考えられる。図中の＊が今回の結果から得られたプロットであるが、図中の鎖線の形状などの詳細は、今後の研究を待つ必要がある。

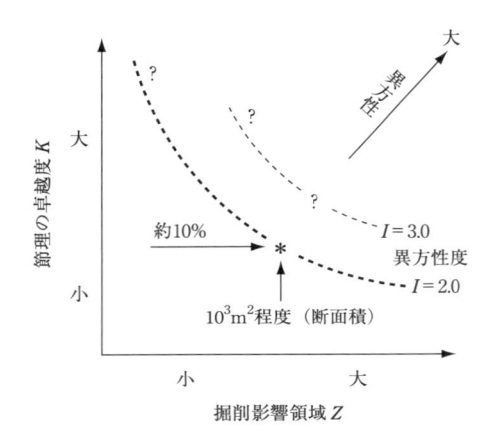

図 58 節理の卓越度 K と掘削影響領域 Z の二つの要素が、岩盤の異方性の発現（I）に影響する

　岩盤の異方性については、第Ⅰ編の6節で層理面などによる異方性と、マイクロクラックによる異方性について説明した。本節で述べた卓越節理による異方性を加えると、**表5**（p.40）に見たように異方性の種類は3種類となる。

　岩盤はその対象とする広がりのスケールによって、見方を変える必要があることになる。

2．二者択一、地圧をとるか節理をとるか

　No.8地点での建設後3年ほど経過してから、No.14地点で空洞を建設することになった。この地点の岩盤はNo.8地点と同じ花崗岩類で、三度目の正直でNo.6やNo.8地点の経験を活かす

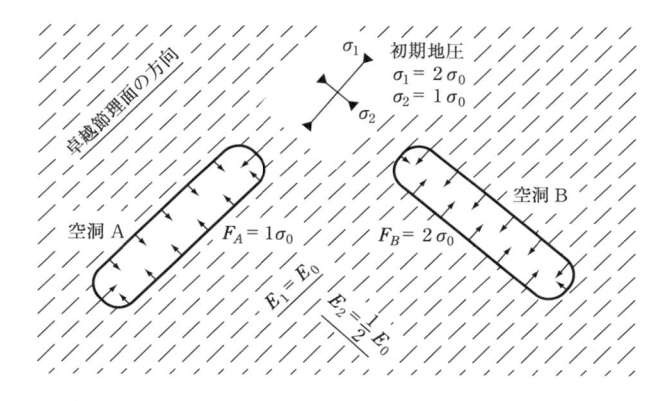

図 59 初期地圧の作用方向と卓越節理の方向とを考えて空洞配置を決める（節理は強調して表現）

ことができた。

　地下発電所空洞の配置を決めるとき、通常は空洞の側壁に作用する地圧がより小さくなる方角を選び、側壁の変形が少なくなるように配置をする。**図 59** の空洞AとBの配置を比較すると、初期地圧の第一主応力 σ_1 の大きさは $2\sigma_0$ で、第二主応力 σ_2 は $1\sigma_0$ であるので、空洞Aの場合掘削壁面には $1\sigma_0$ の外力 F_A が作用する。一方、空洞Bの場合には、外力 F_B は $2\sigma_0$ と2倍になるので壁面の変形量は大きくなり、節理などによる異方性がない場合には空洞Aの配置の方が適切である。しかし、図のように卓越節理がある場合には、空洞Aでは空洞壁面の方向と卓越節理面の方向が一致しているので、壁面の変形は空洞Bに比べて増大することになる。

　No. 14地点の場合、当初の計画では地圧の作用する方向を考えて、空洞Aに近い配置となっていた。しかし節理の卓越度は9％と大きく、No. 8地点の経験を踏まえると卓越節理の影響が大

きいと考えられた。そこで現場の人たちと打ち合わせて、壁面に作用する地圧は大きくなるけれども、節理面の影響が小さくなるように空洞の方角を約20°変更した。

掘削完了時の側壁岩盤の水平変形量を、No.8とNo.14地点で比較すると、**図60**に見るように両地点で大きく異なった。両地点とも計測は3断面で、壁面より20～30 mの深さにわたって岩盤の変位分布を測定している。壁面の変形量はNo.8地点では18.2～50 mm（平均で36.3 mm）、No.14地点では7～30 mm（平均で19.8 mm）で、No.8地点はNo.14地点の1.8倍である。

No.8地点では壁面に作用する水平地圧 σ_{x0} は7.5 MPaであるが、No.14地点では18.5 MPaで2.5倍と大きいので、空洞壁面にかかる外力も2.5倍となる。一方、弾性係数は節理の影響がない場合には、No.8地点では15 GPa、No.14地点では20 GPaであった。しかしNo.8地点では、卓越節理面の方向と空洞軸とがほぼ平行で、交角 θ （シータ）は3°と小さいので、卓越節理の影響が大きく、弾性係数 E は5割低減して7.5 GPaと小さくなる。それに対し、No.14地点では θ が63°と大きいので、弾性係数の低減は約1割で17.9 GPaとなり、両者の比率は約2.4倍となる。外力の比率と弾性係数の比率がちょうど相殺し合って、変形量は同じ程度になりそうであるが、変形量の平均はNo.14地点では19.8 mmで、No.8地点の36.3 mmの約2分の1と少なくなっている。このことから卓越節理の影響は予想以上に大きいことが分かった。

空洞配置に際しては、地圧の作用する方向は当然考慮する必要があるが、節理が発達した岩盤でその節理の卓越度が大きい（約10％程度以上）場合には、地圧の作用方向よりも卓越節理の方

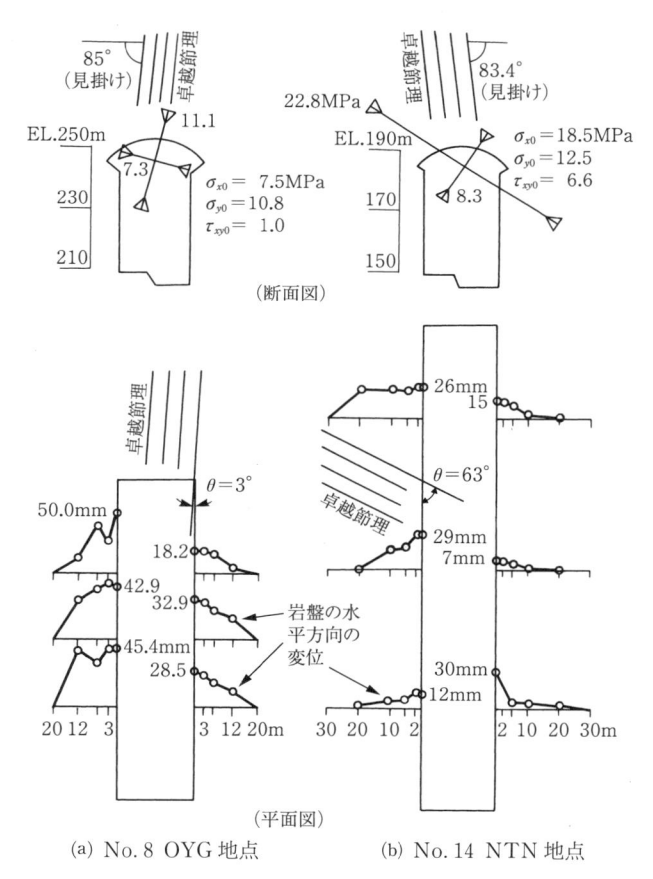

(a) No. 8 OYG 地点   (b) No. 14 NTN 地点

図 60 卓越節理面の方向と空洞壁面が平行に近づくと、壁面の変形量が急激に大きくなる[44]

向を重視することが大切であることになる。

3. 連続の中に不連続がある

 トンネルや空洞などを掘削すると周辺の岩盤がゆるみ、ロックボルト（鉄筋に類似した鉄の棒）やストランド（耐力の大きいワイヤーロープ状の補強材、後出**図86**参照）で補強したり、コンクリート壁を打設する。しかし、岩盤がゆるむとどのような状態になるのかあまり分かっていない。そこでボアホールテレビジョン（以下、BTVと略す）で直接岩盤の内部を観察する試みがNo.6地点（岩盤は花崗閃緑岩）で行われ、興味ある結果[45]が得られた。

 まず**図61**に見るように、空洞周辺の排水坑Bから予定空洞の壁面Aに向けて、ボーリング孔（孔径76 mm、長さ25 m、観測長22 m）を並行に2本掘削しておき、胃カメラのように小型のTVカメラ（**図62**）をボーリング孔に挿入して、掘削によって空洞周辺岩盤が変化する状況を孔壁で観察した。**図63**には

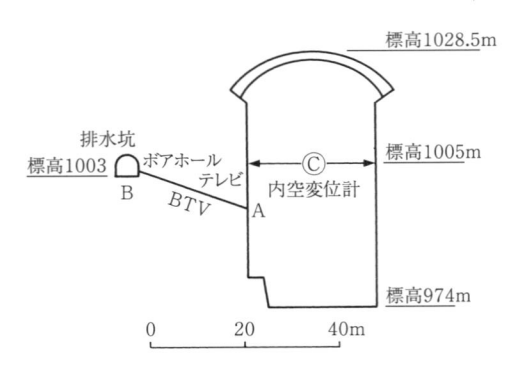

図61 ボアホールテレビ（BTV）で掘削時の岩盤のゆるみを調べる（No.6 STS地点）

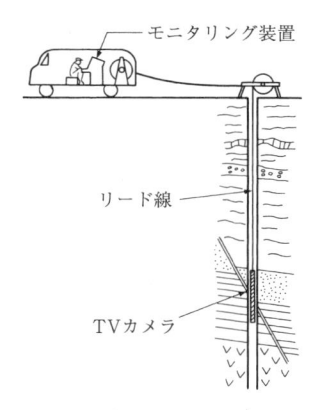

図62 ボアホールテレビ（BTV）で孔壁面を観察する

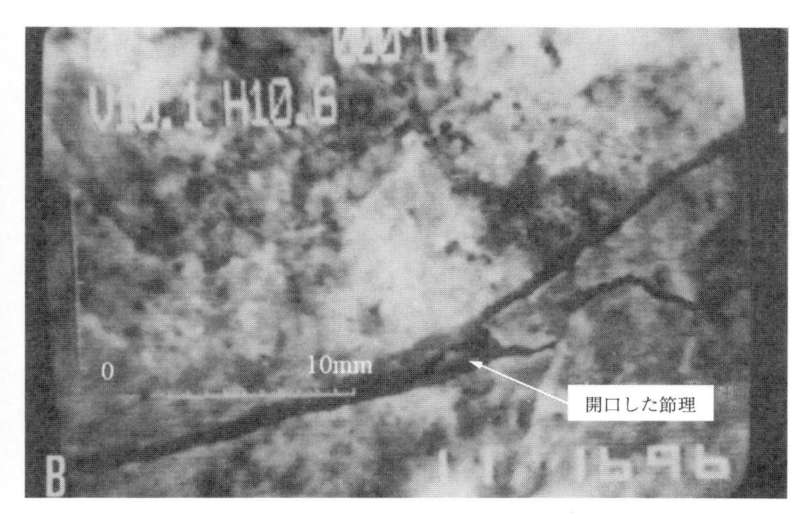

図63 BTVで孔壁の節理が開口する状況を観察する

表 13 掘削により既存節理が開口するが、それにもまして微節理の発生による開口量の方が顕著である（No. 8 STS 地点）[45]

	No. 1 孔		No. 2 孔	
	累積開口量(mm)	比率(%)	累積開口量(mm)	比率(%)
既存節理	7.63	28.2	2.50	12.0
微節理	19.37	71.8	18.37	88.0
合　計	27.00	100.0	20.87	100.0

BTV 装置で見た孔壁面の状況を示す。節理が開口して 2 mm 程度の隙間が生じていることが分かる。

　装置で観察した結果、掘削すると既存の節理が開口して節理の間隙幅が増大することが分かったが、さらに、掘削によって"新しく節理が生まれてそれが開口する"ことが明らかになった。

　表 13 は掘削によって生じた節理の開口量である。この表で"既存節理"は、第 1 回目の観察のときにすでに存在していた節理、"微節理"は第 2 回目以降に観察できた節理で、空洞掘削によって新しく発生した節理である。同表から次のことが分かる。

① 節理による開口量は 27.0 mm（第 1 孔）と 20.87 mm（第 2 孔）で、平均すると 24 mm となる。計測区間は 22 m であるので、ひずみに換算すると 24 mm/22 m＝1.09×10^{-3} の値となり、連続した岩盤なら破壊に近いひずみの量である。

② 節理の開口量の内訳を見ると、既存節理の開口量と微節理の開口量の比率が約 2 対 8 である。掘削すると新しく微節理が生まれ、それらが開口する量の方が既存節理の開口量よりもはるかに多いということが分かる。

　BTV による観察を行った位置に近い標高 1005 m では、**図 61** で見るように、空洞の両側壁間の変形（はらみ出し）を測る内空

変位計ⓒが設置されていて、その測定値は 74 mm であった。内空変位は両側の側壁岩盤の変位の和である。そこでこの 1/2 の値を、BTV を設置した岩盤内の水平方向の掘削による岩盤変形量とすれば、岩盤の水平変位は 74/2＝37 mm となる。この区間で節理の開口による変位は 24 mm であるので、37－24＝13 mm は岩盤自体のひずみの変化による岩盤の連続的な変位と考えられる。

　節理などの開口による不連続な変位を"開口変位"、岩盤の応力変化に伴うひずみの変化による連続的な変位を"ひずみ変位"と呼べば、岩盤の全変位は開口変位とひずみ変位から成り、

　　　　岩盤の全変位＝「開口変位」＋「ひずみ変位」

となる[46]。岩盤の変形は見かけでは連続的であるが、その連続の中には不連続な変形が含まれていることになる。

　この地点では開口変位が 24 mm、ひずみ変位が 13 mm で、ひずみ変位よりも開口変位の方が大きいことが分かる。「開口変位」／「岩盤の全変位」を"開口変位率 k"とすると、この花崗閃緑岩の場合 $k＝24/37＝0.65$ で、岩盤変位のうち 65 ％が開口変位であることになる。

　岩盤が崩壊するような場合には、岩盤の中に多数の割れ目が発生することは容易に想像できるが、地下発電所空洞の場合、周辺の岩盤は安定している状態である。したがってこの花崗閃緑岩の場合、岩盤の変形は連続した変形のように見えるが、実際には節理開口という不連続な変形がこの場合 65 ％も含まれていることになり、"開口変位量がひずみ変位量よりも大きい"ことは、花崗岩系岩盤挙動の一つの特徴と考えることができる。

　花崗岩や花崗閃緑岩などの火成岩系の結晶質岩盤では、もとも

表14 開口変位率kは結晶質岩系で大きく、堆積岩系では小さい

地点	岩盤の成因区分	岩盤変位	開口変位	開口変位率k
6 STS	結晶質岩(花崗閃緑岩、閃緑岩)	37 mm	24 mm	65 %
21 OMG	結晶質岩(花崗閃緑岩)	59.4 mm	36 mm	61 %
7 OYN	堆積岩(頁岩、砂岩)	20 mm	4.5 mm	23 %

と節理が発達しているので、開口変位率kが大きくなりやすいと考えられる。同じ花崗閃緑岩のNo.21地点でも、kの値はやはり61％と大きかった。そこで火成岩系とは異なる堆積岩系岩盤のNo.7地点（頁岩、砂岩）で、同様な観測を実施した結果を調べると、**表14**に示すようにkの値は23％と小さいことが分かった。

測定例が少なく、今後データを蓄積して再度検討する必要があるが、「岩種によって開口変位率は異なり、火成岩系の結晶質岩盤では開口変位率が大きく、堆積岩系の岩盤では小さい」ことを意味していると思われる。

4．アーチコンクリートの応力はなぜ発生するか

空洞を掘削するときには各種計器を設置して、岩盤の変形やアーチコンクリートの応力を測定し、空洞の安定性を確かめながら掘削を進める。**図64**は計測器配置の一例である。主な計測項目は、空洞周辺の岩盤変位、空洞壁面間の内空変位、アーチコンクリートのひずみ・温度と鉄筋の応力、ロックボルトやストランド、PS鋼棒の応力などである。

空洞の頂部はアーチの形をしているので"アーチ部"と呼び、

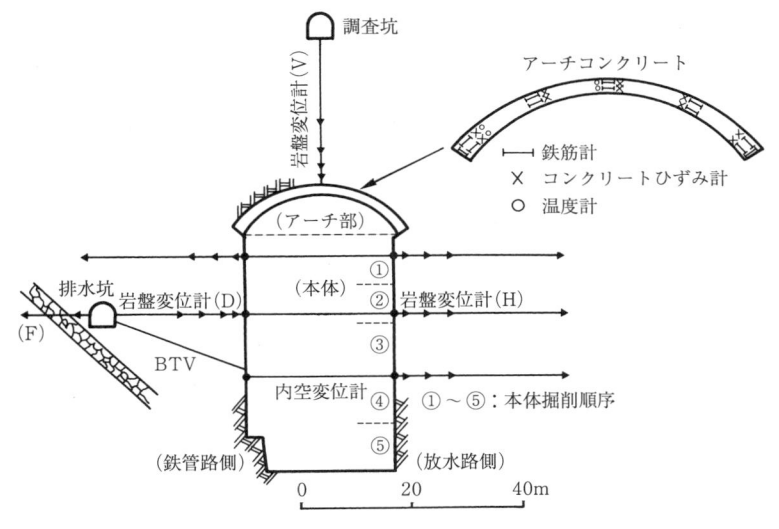

図 64 空洞周辺に計測機器を配置する

体の部分を空洞の"本体"と呼んでいる。アーチ部を最初に掘削した後、アーチコンクリートを打設し、ついで本体を①、②、……、⑤などと掘り下がって空洞が完成する。

図 65 にはアーチコンクリートのなかの鉄筋の応力 σ_r と、掘削工程との関係の一例を示す。アーチコンクリートを打設したときに鉄筋応力が急増しているが、これはコンクリートが固化するときに温度が約50度まで上がり、その温度変化により温度応力が発生するためである。約1カ月も経つとコンクリートの温度は室温に戻り、鉄筋の温度応力も低下している。その後空洞本体の掘削（①→②→③→④→⑤）が進むと、今度は掘削の影響で鉄筋応力が増大する。

アーチコンクリートの安全性を判断するためには、コンクリートの応力を知る必要があり、鉄筋応力 σ_r からコンクリート応力

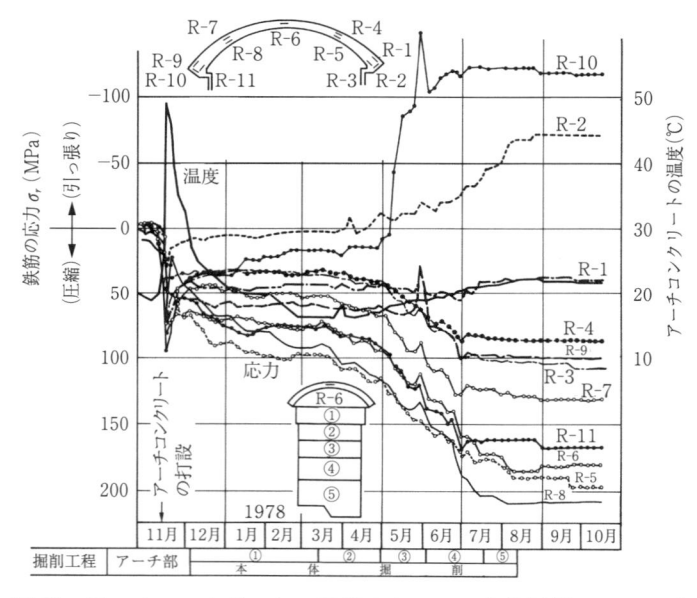

図 65 アーチコンクリートの鉄筋応力 σ_r は本体掘削によって発生する（No.8 OYG 地点）

σ_c を求める。そのために σ_r の値に、コンクリートの弾性係数 E_c（20 GPa）と鉄筋の弾性係数 E_r（210 GPa）の比率（E_c/E_r）と、コンクリートのクリープによる補正係数（0.67）を掛け、$\sigma_c = \sigma_r \times (E_c/E_r) \times 0.67$ によりコンクリートの応力を求める[47]。

このようにして求めた各地点のコンクリートの応力分布が**図 66** である（図中の番号が地点番号、**表 11**（p.86）および**図 36**参照）。鉄筋計は**図 64** で見たように、アーチコンクリートの上縁と下縁に設置し、さらに計測は発電所空洞の 3〜5 断面で行っている。それら上縁と下縁および各断面の計測値の平均値の分布を、地点ごとに示している。この図より次のことが分かる。

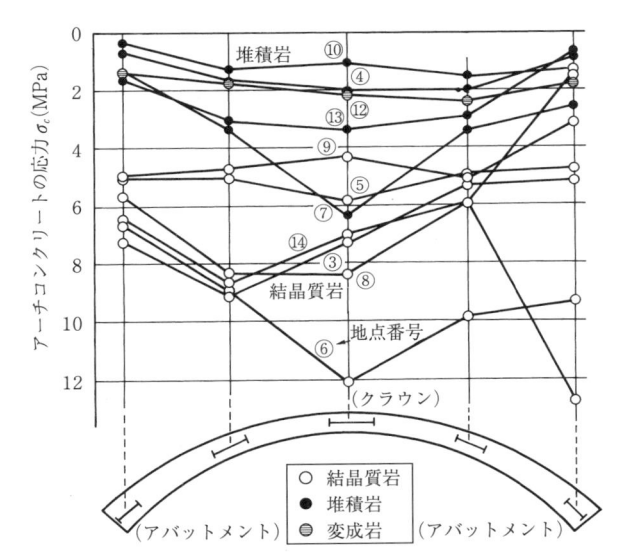

図66 各地点の掘削終了時のアーチコンクリートの応力分布

① ばらついているがアーチのクラウン部で大きく、アバットメント部で小さい傾向となっている。

② 岩種でみると、火成岩系の結晶質岩盤の場合（○印）の方が、堆積岩系地点の場合（●印）に比べ、アーチコンクリートの応力がより大きい傾向がある（この原因については次節参照）。

次に、地点ごとにアーチコンクリート応力のすべての計測結果の平均値 $\bar{\sigma}_c$ を求め、アーチコンクリート直下の空洞壁面の水平方向変形量（w）（内空変位量または両側壁岩盤の水平変位の和）との関係を調べたのが**図67**である。両者の間には良好な比例関係が見られ、岩盤の変形量が増えるとアーチコンクリートの応力が比例して増大することが分かる。このことは、

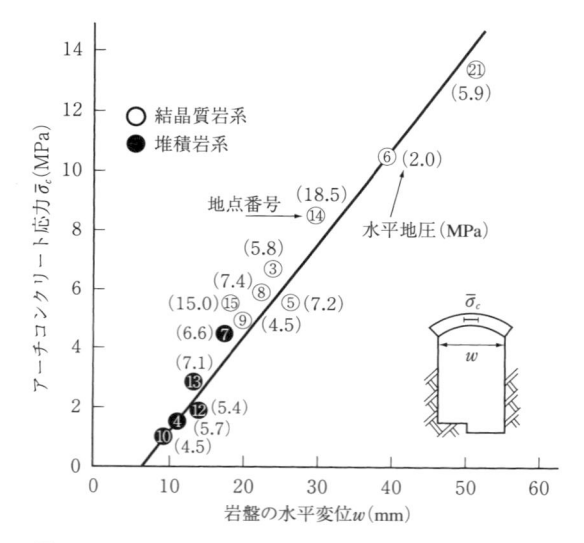

図 67 アーチコンクリートの応力 $\bar{\sigma}_c$ は岩盤の水平方向の変形量 w に比例している

"アーチコンクリートの応力は側壁岩盤が空洞内部へ変形するために、アーチコンクリートが圧縮されて発生する"
ことを意味している。

応力でなく変形を主体に設計する

　従来、岩盤構造物の設計は、変形に基づいて設計する必要があるといわれてきたが、計測結果に基づいて数値的あるいは図表として示したものはあまりなかったように思う。その点で、**図 67** は、岩盤を掘削すると周辺岩盤が動き、アーチコンクリートなどの構造物は強制的に変形をさせられ、その強制変形によって構造物に応力が生じることを典型的に示しており、

　"岩盤構造物の設計に際しては、「岩盤応力」ではなく「岩盤変

形」をもとに、設計する必要がある"
ことを明瞭に示している。

コーヒーブレイク ［常識はこわい］

アーチコンクリートの応力に関しては、No.9地点で次のような経験をした。空洞掘削が終了すると、側壁の変形もアーチコンクリートの応力も一般に変化しなくなるが、No.9地点の場合、掘削終了後もわずかであるがコンクリート応力の増加が止らなかった。現場担当者と色々調べたがなかなか原因が分からなかった。幸いなことに、この地点の場合応力がそれほど大きくはなかったので、コンクリートの安全性に問題はなかったが、原因不明というのは甚だ気持ちが悪い。分からないままに時間だけが経過し、首をひねってデータを眺めているとき、ふと気がついたのは温度の変化だった。調べてみると掘削終了後のコンクリート応力の変動は、外気温の変化に追随していることが分かった（図68）。

地下深部は外部と遮断されていて、通常は気温一定というのが常識である。地表から約500mも深部の地下発電所空洞では、当然気温も一定だとてっき

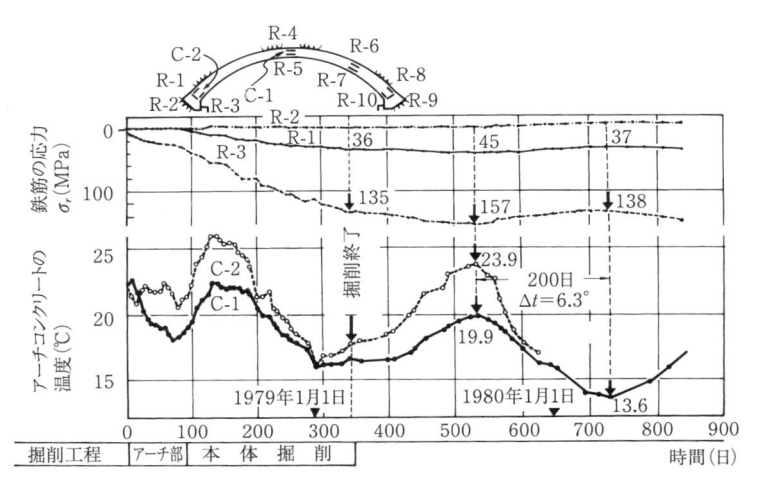

図68 アーチコンクリート応力（鉄筋応力 σ_r）は気温の季節変化に追随して増減する（No.9 NZN2地点）

り思い込んでいた。しかし地下発電所空洞の場合、工事をするので換気をしており、外部の気温変化が地下深部のアーチコンクリートの温度にまで影響していたわけである。

データを調べてみると、季節変動でアーチコンクリートの温度が6.3～9℃変化し、鉄筋応力は6～18MPa変化し、平均で1.5MPa/℃変化していた。

分かってみると何だということになるが、思い込みというのは恐ろしいものだと思った。

5．岩盤の種類により構造物に発生する応力・変形が異なる

図67の結果を、空洞の長さLとアーチコンクリート応力 $\bar{\sigma}_c$ との関係で整理し直してみると図69が得られる。この図で特徴的なことは、プロットが二つのグループに大別されることである。一つのグループは○印で示したグループで、岩盤の種類をみると、花崗閃緑岩、花崗岩、閃緑岩、輝緑岩、ひん岩、流紋岩などで、火成岩起源の"結晶質岩"である。一方、●印で示した方の岩種は、輝緑凝灰岩、砂岩、頁岩、礫岩、粘板岩、黒色片岩などで、堆積岩起源の変成岩を含む"堆積岩系岩盤"である。この図より次のことが分かる。

① 岩盤の種類によって発生するアーチコンクリートの応力の大きさが異なる。つまり同じ大きさの空洞を掘っても、結晶質岩系の地点では堆積岩系の地点に比べて、アーチコンクリートなどの構造物に2～3倍も大きな応力が発生することを意味している。前節で説明したように、アーチコンクリートの応力は岩盤の変形量に比例するから、同じ大きさの空洞を掘っても、岩盤の種類により岩盤の変形量が違ってくること

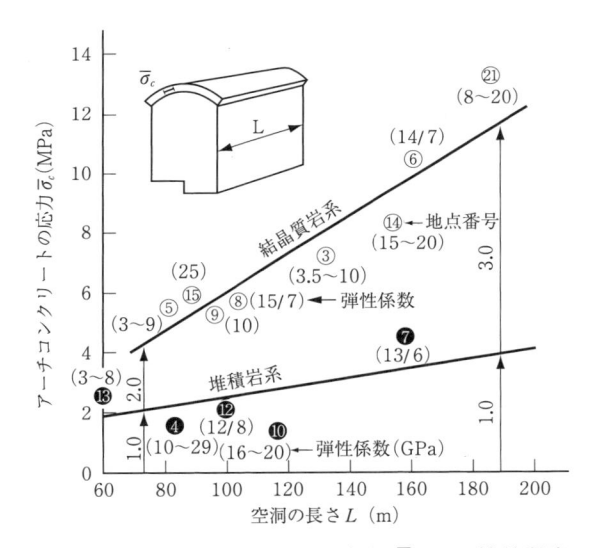

図69 アーチコンクリートの応力 $\bar{\sigma}_c$ は、結晶質岩系の場合には堆積岩系の場合よりも 2～3 倍大きくなる

によると考えられる。つまり結晶質岩系の場合には堆積岩系の場合に比べ、"ひずみ変位"が同じでも節理等による"開口変位"が大きいので、トータルの岩盤変位が大きくなることによると考えられる（第II編3節参照）。

② 結晶質岩系地点の場合にとくに顕著であるが、空洞の長さに比例して応力が大きくなっている。直径 10 m 程度のトンネルを考えた場合、トンネルの長さが大きくなったからといって側壁の変形が大きくは変わらないのが普通である。それゆえに、トンネルは切羽からトンネルの幅程度離れれば、解析する場合、二次元構造物として通常扱われる。地下空洞の場合もトンネルと同様に考えれば、空洞の高さが約 50 m、

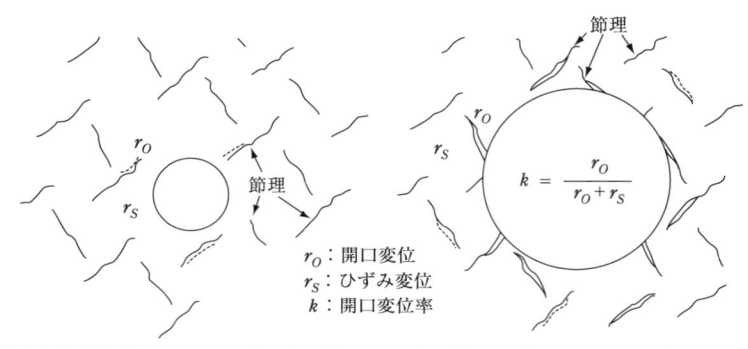

(a) 小さな空洞では、r_o：小　k：小　　(b) 大きな空洞では、r_o：大　k：大

図 70 空洞の規模が大きくなると、節理による開口変位が発生しやすくなる（図中の節理は強調して表現している）

幅が約 25 m であるので、空洞の長さが 100 m 以上もあれば側壁岩盤の変形はほぼ一定となり、アーチコンクリートの応力も一定となりそうであるが、**図 69** ではそうはなっていない。

節理が岩盤の変形に及ぼす影響は、節理面の大きさ、節理充填物の有無や節理の多寡などにより異なり、一概にはいえないが、この現象の一因は開口変位率のサイズ効果と考えられる。つまり**図 70** で見るように、空洞のサイズが大きくなり、地圧の開放される面積が大きくなると節理などが開口しやすくなり、節理の開口量が飛躍的に増大して、開口変位率 k の値がより大きくなるものと考えられる。このことは、

"結晶質岩系の岩盤で、空洞の規模が大きくなると、節理等の開口がより容易になるので空洞の安定性が小さくなる"

ことを意味していることになる。

第Ⅲ編

岩盤の動きを予測する

1. 岩盤の動きを予測する手法を作る

　第II編で述べたように、昭和40（1965）年頃、No.1地点の揚水発電所大空洞の掘削時の安定性評価を、どうしたらいいかという問いかけを受けた。アメリカの自由の女神像がすっぽり入ってしまうような巨大な空洞の安定性は、それまでに検討されたことがなかった。この未知の問題を解明するために、電中研では数値解析手法を使って、空洞の安定性を評価する"掘削解析手法"を開発して検討することにした。しかし数値解析手法で検討するといっても、世界的にもまだそのような例はなかった。ないのも当然で、昭和40（1965）年当時、コンピュータ（電子計算機）も市場にようやく出始めたころで、商用計算機としてIBM 7090が日本に2～3台しかないという時代である。数値解析手法としては差分法などが用いられていて、その計算にはタイガー計算機、モンロー計算機あるいはリレー計算機などが使われていた。当時、差分法では複雑な問題は解くことが困難で、岩盤が非均質な場合や、弾性係数が応力状態に応じて変化していく非線形変形特性を考慮することは困難であった。そこでそのころ導入されたばかりの有限要素法を使って、一からすべてを作り出していくことになった。

　当時岩盤問題を解析する場合、**図71**(a)に見るように、穴のあいた鉄板に外側から荷重をかけるように、地圧がない岩盤に空洞があいていて、その空洞から遠く離れた岩盤の境界に、地圧相当の外力を作用させる。そして弾性理論などによって空洞周辺の応力や変形あるいはゆるみ領域（応力集中のために岩盤の強度や弾

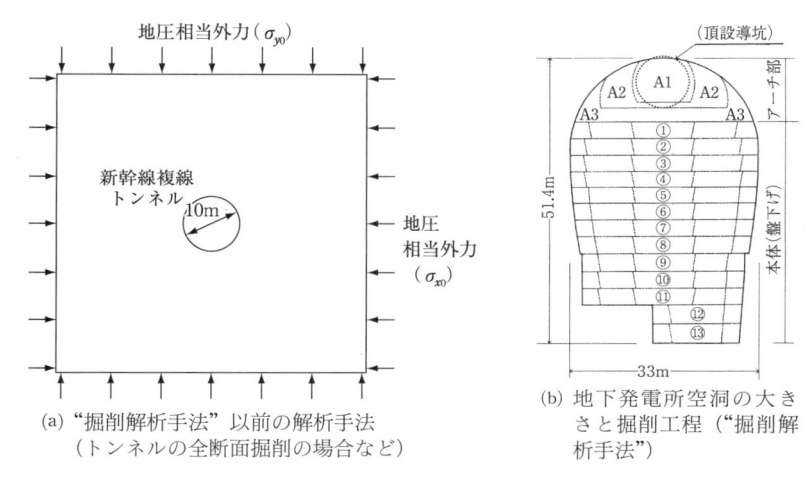

図71 空洞の規模と解析手法の相違

(a) "掘削解析手法"以前の解析手法（トンネルの全断面掘削の場合など）

(b) 地下発電所空洞の大きさと掘削工程（"掘削解析手法"）

性係数が低下し、補強を必要とする領域）を調べていた。この方法では、"掘削"を表現できていないので、全断面掘削のように空洞全部を一挙に掘る場合には対応できるが、掘削を2回に分けて上部半断面を先行掘削し、次に下半部を掘るような多段階掘削になると解析が困難になる。

地下発電所空洞の場合、空洞の規模は高さ約50 m、幅20～30 m、奥行き約200 mと巨大である。図71(b)のアーチ部のA1の大きさが、(a)図の新幹線複線トンネルの大きさとほぼ同じであり、一挙に全断面を掘削することはできない。アーチ部をA1→A2→A3と掘り広げたのちに、空洞の本体部分を①～⑬と順次掘り下がっていくので、(a)図のような解析方法はもはやとることができない。

"掘削"すると空洞の角の部分などでは応力が大きくなり（応

力集中という)、岩盤の弾性係数や強度が低下してゆるみ領域が発生し、この変化した岩盤が次の掘削の初期条件となる。つまり、掘削→応力集中→岩盤物性の変化、を繰り返して空洞が掘り上がっていく過程を表現する必要がある。したがって、①"掘削"の力学的内容をどう表現するか、②その掘削で生ずる応力集中による岩盤の弾性係数や強度などの物性変化を、どのように考慮するか、③空洞を掘り終わるまでに1〜2年程度かかるので、岩盤の粘弾性的性質やクリープによる「あと荷」の影響を考慮し[48]、④発破によって掘削するときの岩盤損傷の影響、⑤岩盤の破壊包絡線の表現、などを明らかにし、それらを"掘削解析手法"のなかに盛り込むことになる。

鉄橋などの建設では、鋼材の応力が弾性範囲内に収まるように設計する。接合部や隅角部では応力が高くなるが、部材の厚さや形状を工夫して対応することができる。それに対してトンネルや空洞の場合には、岩盤は掘削時に発破で破壊され、さらに地圧が大きいところは局部的に破壊してゆるみ領域が生じる。このように、材料の弾性領域から破壊に至るまでの力学特性の変化を考慮する必要があるところが、橋梁などの場合と基本的に違うところである。

コラム [コンピュータ事始め]

大学の卒業論文で昭和35 (1960) 年頃、コンピュータを使うことになった。新しいコンピュータを設計し終わると、そのコンピュータはもう古くなっているといわれるほどで、日進月歩とはコンピュータのための言葉かと思うほど進歩している。

現在の人には想像もできないだろうが、当時は計算機に計算させる一連の指

示（プログラムという）は機械語で、"足す""引く"などを使って、2×3のかけ算は2を3回"足す"という指示になり、"引く"を繰り返すと割り算になるというものであった。人間が二三が六とやった方が早い感じがするが、機械は足す引くを1秒間に1兆回以上もできるので機械の勝ちである。

　当時、計算機のプログラムの読み込み方法は、幅2〜3cmの黒い紙テープに直径2mm程度の孔をあけ、その孔のあいている位置の違いを計算機が光で感知して指示を読み取っていくというものであった。孔をあけ間違ったときは、その小さな孔に同じ大きさの黒い紙を糊で貼って修復した。連続した長いテープは取り扱いも大変だったが、じきにカードに替わり便利になった。連続したテープを何枚にも切り分けたのに相当するのがカードで、孔を開けそこなったらそのカードを差し替えればよく、取り扱いはテープに比べて格段に楽になった。

　機械語の次にフォートランが出てきた。フォートランではプログラムを書くとき、2×3と書けばそのとおりに計算してくれるから、プログラムを書くのが大変楽である。

　大学ではコンピュータを使い始めるとき、簡単な課題をコンピュータで解くテストがあって、そのテストに通るとそのあとコンピュータを自由に使うことができた。できたてのフォートランを使って課題の答えを担当の先生のところへ持っていくと、"ウン、このやり方はワシはまだ分からんが、答えはあっているからパスだ"といわれたのも楽しい思い出である。

　コンピュータやIT（情報技術）ほど革新的な進歩を遂げたモノは他にないのではないだろうか。1940年代にエッカートらがアメリカで開発したENIACが人類初のコンピュータといわれる。その当時は真空管を使ってコンピュータを作ったのが、トランジスタ、IC（集積回路）、LSI（大規模集積回路）、超LSI（超高密集積回路）と変化し、計算速度も天文学的な早さである。インターネットや携帯電話などは経済・産業・生活の隅々にまで浸透し、ITは我々の生活様式や仕組みを変え、それに伴い我々の精神構造まで変えつつある。

　帽子を選ぶのはその人であるが、その帽子をかぶると今度はその人が帽子に影響を受けて変わっていく。ITが我々をどこまで、どのように変えていくのか想像もつかない。

2. 掘削するとはどういうことか

　発破掘削では、図 72 で見るように岩盤に孔（装薬孔）をあけ、ダイナマイトを入れて爆発させると、その圧力（爆轟圧）p_i で装薬孔周辺岩盤に割れ目が発生し、その割れ目が隣接する装薬孔間を連絡して分離面（掘削面）が形成される。爆轟圧の働きは、掘削面に作用していた地圧を打ち消してゼロにすると同時に、岩盤の分離を行うことである。実際には掘削面以外にも多数の割れ目を岩盤に生じさせるので"発破による損傷領域"ができる。したがって発破時の物理現象の内訳は、(a)予定掘削面に作用している地圧（直応力とせん断応力）を解放しゼロとする、(b)岩盤を掘削面で分離すると同時に、(c)岩盤の損傷領域を形成し、(d)掘削し

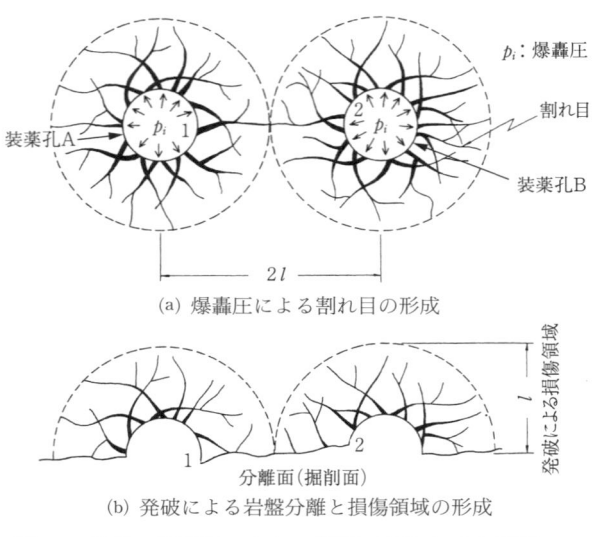

(a) 爆轟圧による割れ目の形成

(b) 発破による岩盤分離と損傷領域の形成

図 72 発破の爆轟圧により、掘削が行われると同時に、岩盤に割れ目が発生し損傷領域が形成される

た岩盤（ズリ）を運搬に適するように小割りし、さらに、(e)発破による振動や音が発生する、と考えられる[49]。

掘削相当外力が基本

　発破掘削を表現するには、上に述べた(a)(b)(c)の3項を考慮する必要がある。そこで掘削解析手法では、(a)を表現するために「掘削相当外力」という概念を導入し、(b)と(c)を「発破による損傷領域」として表現することにした（**図73**）。掘削によって掘削面上の地圧（直応力とせん断応力）がゼロとなる。その状態を表現するために、掘削予定面に作用していた直応力およびせん断応力と反対向きで同じ大きさの外力を掘削面に作用させて、掘削面の地圧をゼロとする。そのための外力を「掘削相当外力」と呼び、有限要素法を使う場合には、掘削面上にある三角形要素などの節点にこの外力を与えることになる。

　掘削相当外力の一例が**図74**である。掘削予定面BCFE上には、(a)図に示したように地圧が作用しており、掘削を表現するために、(b)図のように掘削面BCFE上に掘削相当外力を作用させると、掘削面上の直応力とせん断応力がゼロとなるので、"掘削"によ

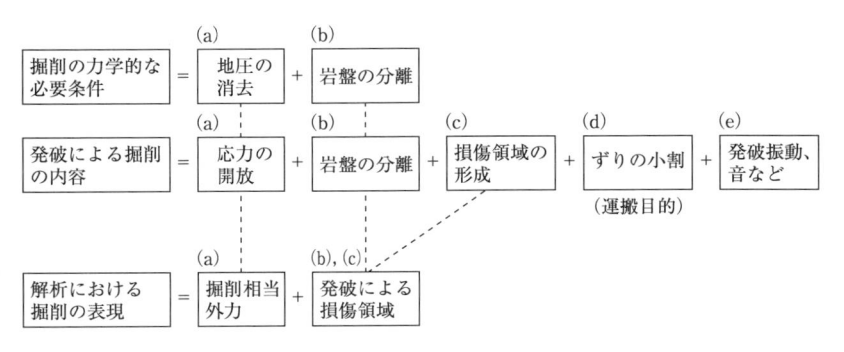

図73　発破掘削の力学的内容と解析上での表現

(a) 掘削予定面（BCFE）と地圧の分布　　(b) 掘削面に作用する掘削相当外力の分布

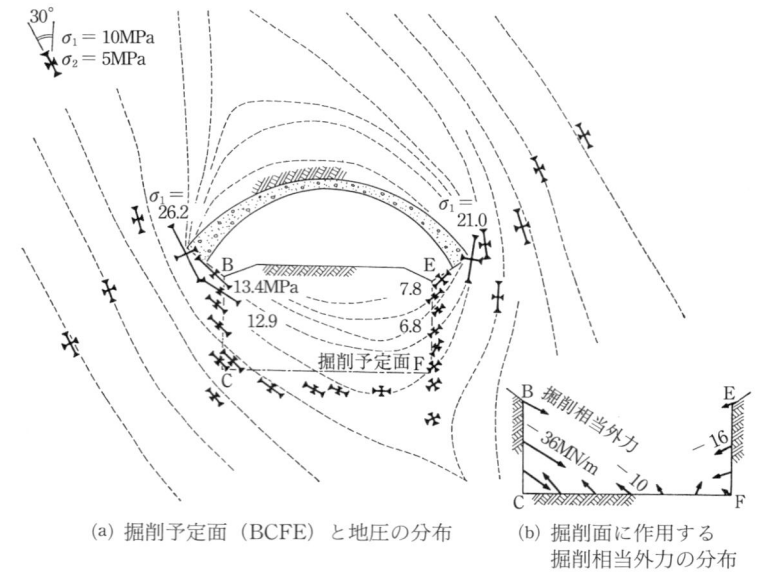

図 74 掘削相当外力を掘削面に作用させ、地圧を打ち消してゼロにすることにより"掘削"を力学的に表現する[50]

る自由面の形成が表現できる。これらの掘削相当外力が岩盤に作用するので、周辺岩盤の応力が変化し、応力が高くなれば弾性係数などが変化することになる。

"発破による損傷領域"は割れ目の発生が原因であり、その損傷程度を知るには、割れ目に敏感な弾性波速度 V_P の変化を測定するのが適している。発破で掘削したトンネル壁面の弾性波速度を測った事例を調べてみると、**図 75** で見るように、V_P の値は掘削壁面で最も低下しており、岩盤深部に行くと約 3 m 程度で影響が少なくなっていることが分かった。同図にはトンネルボーリングマシン（TBM）で掘削した事例も示したが、この場合に

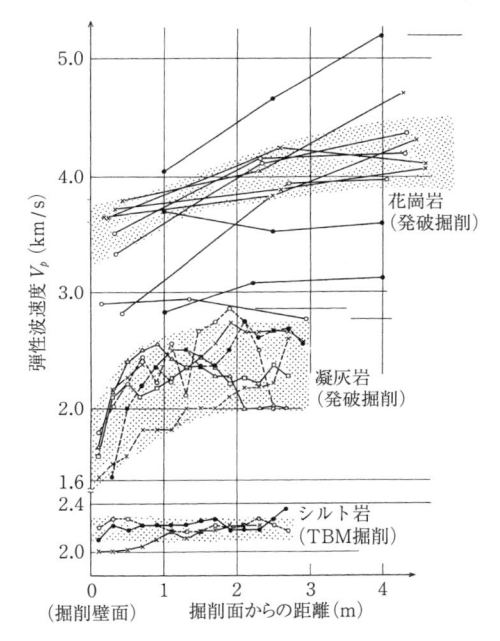

図75 掘削面近傍の岩盤は発破による損傷のために、弾性波速度 V_p が低下している

は速度にあまり変化がなく、周辺岩盤の損傷が少ないことが分かる。

　岩盤の種類により、損傷を受けていないもともとの弾性波速度 V_0 の値が異なるので、V_0 との比（V_p/V_0）で無次元表現にすると**図76**のようになる。掘削壁面で初期値の約 80 %、壁面より 1 m では約 90 %、2 m のところで約 95 % となっていることが分かる。弾性波速度 V_p と弾性係数 E との間には、$E = \rho V_p^2 (1+\nu)(1-2\nu)/(1-\nu)$ の関係がある。ここで ν（ニュー）はポアッソ

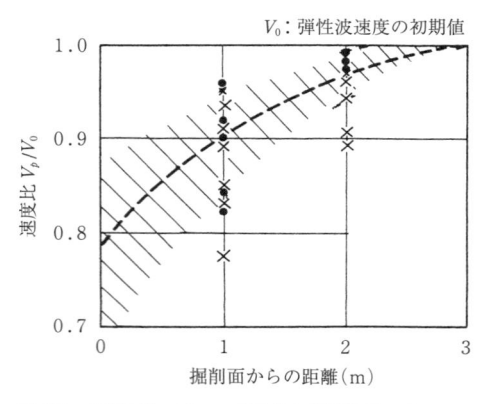

図76 弾性波 V_p の低減は掘削面から3m程度の深さまでである

表15 "掘削解析手法"で使う発破損傷領域の弾性係数Eとポアッソン比ν

		岩盤の弾性係数 E^*	ポアッソン比 ν（推定値）	弾性波速度 V_p
発破による損傷領域	0〜1 m	$0.4E_0$	0.4	$0.85V_0$
	1〜3 m	$0.7E_0$	0.35	$0.95V_0$
発破による損傷を受けない領域（初期値）		E_0	0.25	V_0

* $E=\dfrac{\rho(1+\nu)(1-2\nu)}{(1-\nu)}V_p^2$、（$\rho$：密度）

ン比でρ（ロー）は岩盤の密度（単位体積重量）である。掘削解析手法ではこの関係を使って、損傷領域を0〜1 m、1〜3 mの二つの領域に分けて弾性係数Eを**表15**のように与えることにした。

3. 岩盤が変化する特性をどう表現するか
——非線形変形特性

　橋や建築物など人工材料で構造物を作るときには、柱などに発生する応力は材料が破壊しないように、弾性の範囲内で設計できるので材料の弾性係数は変化しない。一方、トンネルや空洞を建設する場合には、掘削によって岩盤の応力は変化し、それに伴って弾性係数も変化する（これを非線形な変形特性と呼んでいる）。また岩盤掘削では局部的に破壊も生じる。これらの点が橋などの建設の場合と異なる。

　ダイナマイトで岩盤を破壊して掘削すると、掘削面に近い岩盤は前節で見たように損傷を受け、さらに空洞の隅角部では応力集中のために弾性係数やポアッソン比などの岩盤物性が変化する。この変化した状態が次の掘削の初期条件となり、掘削の都度この変化を繰り返すことになる。掘削によって岩盤物性が変化するこの特性を、非線形変形特性といい、解析で考慮することになる。

　非線形変形特性を表現するには、岩盤の三軸試験結果を使うのが本来であるが、岩盤三軸試験は実施が容易でなく、これまであまり成果が上がっていない。一方、岩石供試体の三軸試験結果ならば豊富である。そこで破壊包絡線と非線形特性を岩石について求め、それらを無次元化して特性を抽出して岩盤に適用することにした。

　三軸試験では図8で見たように、供試体に周圧 p_c を作用させた状態で軸圧 p_a を徐々に増加させて、その時の応力とひずみを測り、遂には破壊させて強度を求める。供試体の応力状態を示す

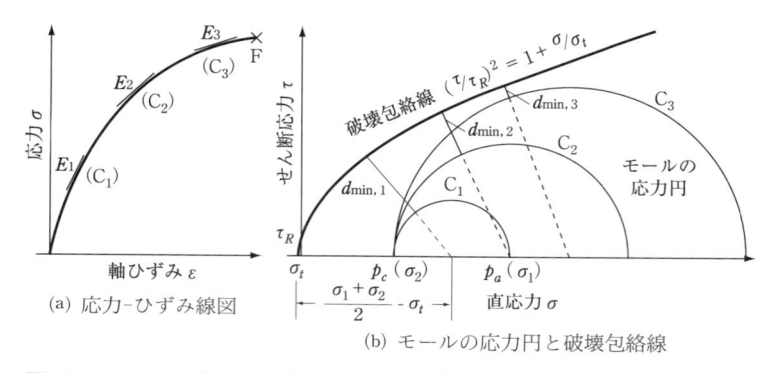

図77 モールの応力円が破壊包絡線に近づくと弾性係数 E が小さくなる

(a) 応力-ひずみ線図

(b) モールの応力円と破壊包絡線

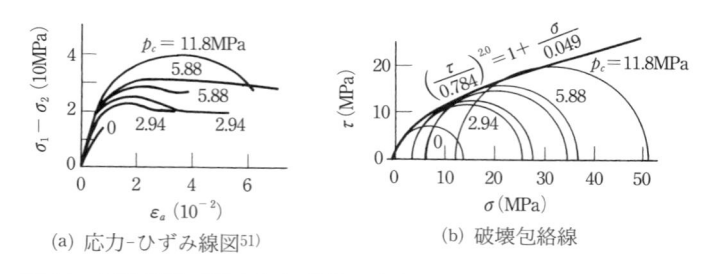

図78 三軸試験で得られた砂岩の応力-ひずみ線図と破壊包絡線

(a) 応力-ひずみ線図[51]

(b) 破壊包絡線

モールの応力円は**図77**(b)に示すように、軸圧の増加につれて $C_1 \to C_2 \to C_3$ と順次大きくなり、破壊包絡線に近づく。同時に軸ひずみは(a)図に示すように増加し、弾性係数は $E_1 \to E_2 \to E_3$ と小さくなる。モールの応力円が破壊包絡線に近づいて、応力円と破壊包絡線との最短距離 $d_{\min}$ が小さくなるにつれて、供試体の弾性係数が低下し、遂には F 点で破壊するという経過をたどる。そこで弾性係数 E の変化は、$d_{\min}$ を指標とすることが考えられ、無次元化するためにその材料のせん断強度 τ_R で除した値を使うことにする。

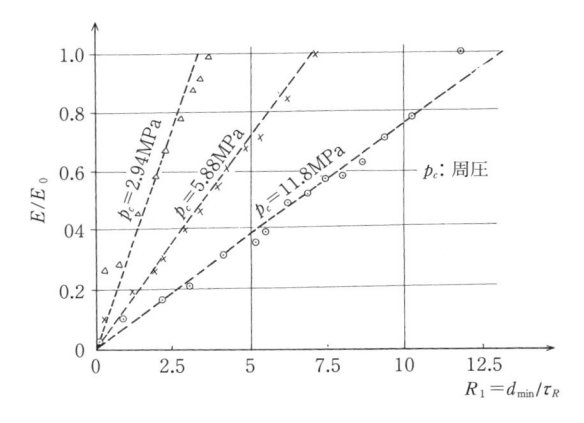

図 79 弾性係数 E は $d_{\min}$ に比例して小さくなる

具体的に砂岩の三軸試験結果（**図 78**）を、この考えで整理すると、**図 79** の結果が得られる。R_1（$d_{\min}/\tau_R$）が減少するのに比例して、それぞれの周圧ごとに、無次元化した E/E_0（E_0 は初期値）の値が小さくなることが分かる。そこでさらに周圧の影響を統一的に表現し、任意の応力下での関係を得るために、平均主応力 $(\sigma_1+\sigma_2)/2$ をパラメータとして導入すると**図 80** となり、この結果を掘削解析で使うことになる。掘削で変化した応力から求めた横軸の値（R）が 0.5 であれば、E は $0.7E_0$ と初期値の 7 割の値に変化することになる。

E_0 の値には平板載荷試験で得られた岩盤の弾性係数の値を、τ_R の値には岩盤せん断試験で得られた値を使う。ポアッソン比についても同じようにその変化特性を調べて掘削解析で用いる。

掘削を疑似体験（シミュレーション）する

解析の手順は次のようになる。有限要素法を使うので、**図 81** で見るように岩盤を要素に分割する。同図の場合掘削は 6 回で行

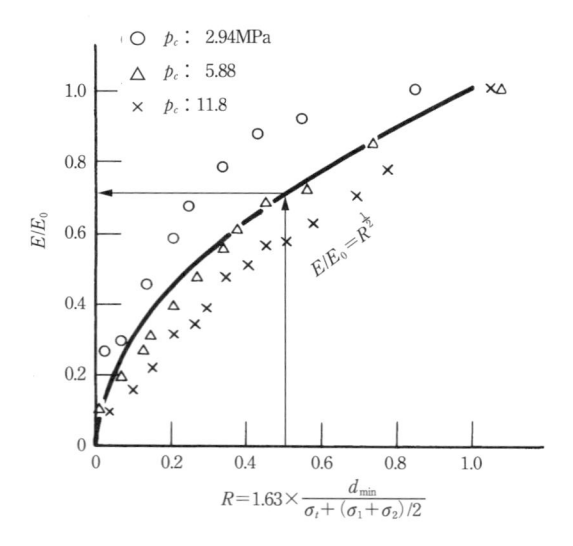

図中:
○ p_c: 2.94MPa
△ p_c: 5.88
× p_c: 11.8

$E/E_0 = R^{\frac{1}{2}}$

$R = 1.63 \times \dfrac{d_{min}}{\sigma_t + (\sigma_1 + \sigma_2)/2}$

図80 弾性係数 E は応力状態（σ_1, σ_2）に応じて変化する[52]

っている。第1回（$p=1$）のアーチ部の掘削で、掘削相当外力が掘削面に作用して応力が変化し、岩盤が変形するとともに次の掘削までの間にクリープが生じる。応力の変化に応じて弾性係数などが変化し、その状態が第2回目の掘削時の岩盤条件となる。次いで第2回（$p=2$）の掘削となり、これを繰り返して第6回（$p=6$）で掘削が終了する。

掘削終了時の結果の一例が**図82〜84**である。これらの図では、きのこ型空洞とたまご型空洞の二つの解析結果を、対比できるように左右に示した。空洞形状としては、たまご型空洞の方が流線型をしているので応力の流れがスムーズで、**図82**で見るように、きのこ型空洞ではアーチ部壁面の応力が34〜38 MPaとなっているのに対し、たまご型空洞では23〜27 MPaと約6〜8割に

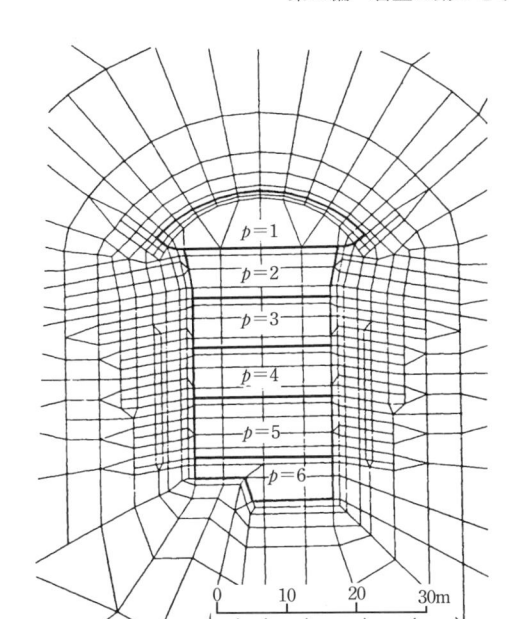

図81 掘削解析手法での要素分割（部分）の例
（太線が地下発電所空洞の形状、空洞を6回
で掘削する場合）

低減している。岩盤の変形（**図83**）も、たまご型ではきのこ型の場合の約8割程度となっている。弾性係数や強度が低下して補強が必要となるゆるみ領域（**図84**）は、きのこ型の場合10mの深さにまで達しているのに対し、たまご型では約5割の5m程度に収まっており、空洞としてきのこ型よりもたまご型が優れていることが分かる。

これらの結果に基づいて、**図85**のように補強の計画が立てられ実際の掘削が開始される。アーチ部を掘削した段階で、ゆるみ領域の補強のために、長さ5m程度のロックボルト（鉄筋に似

128

(a) たまご型空洞の場合   (b) きのこ型空洞の場合

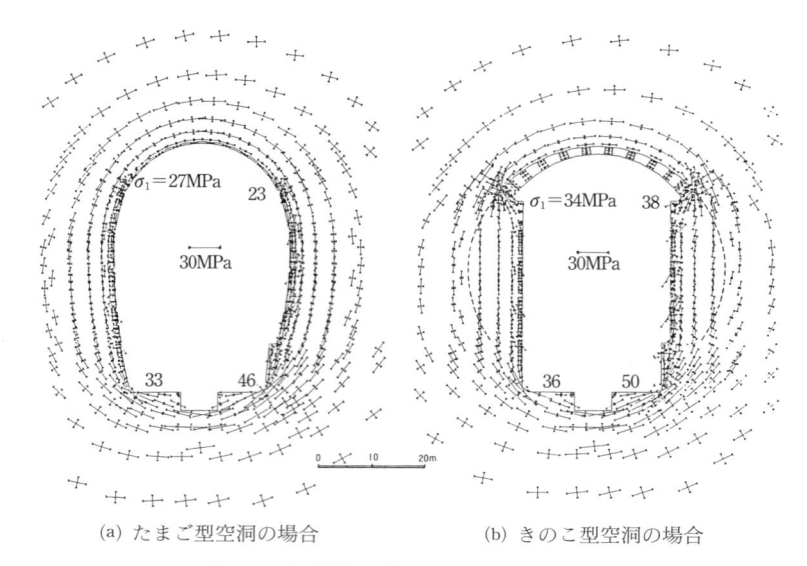

図 82 掘削終了時（$p=6$）の応力分布

(a) たまご型空洞の場合   (b) きのこ型空洞の場合

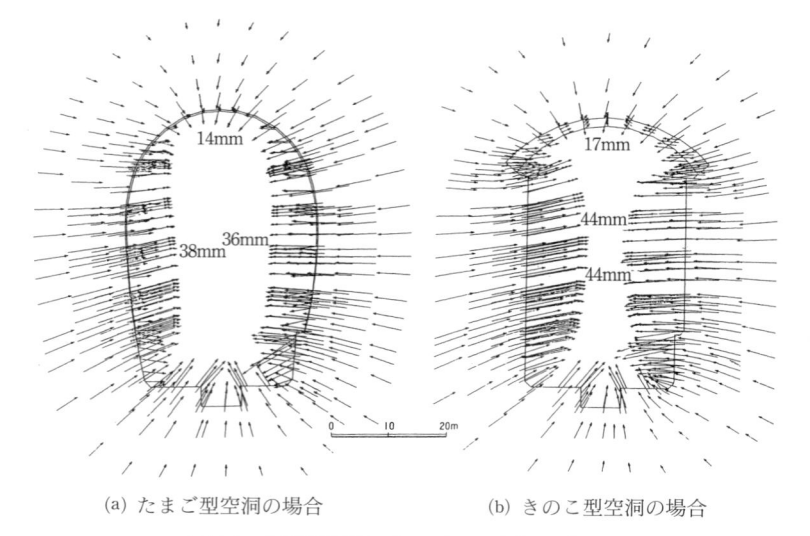

図 83 掘削終了時（$p=6$）の岩盤の変形

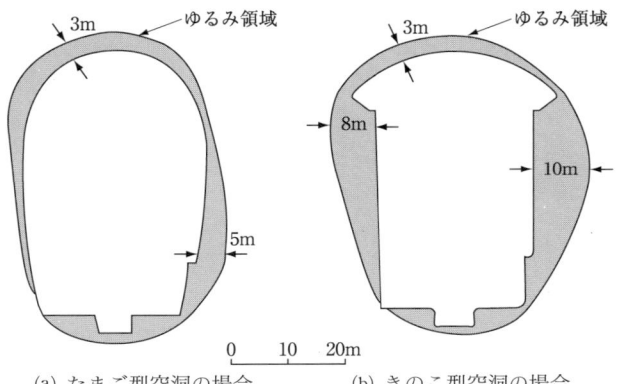

図84 掘削終了時（$p=6$）のゆるみ領域の分布

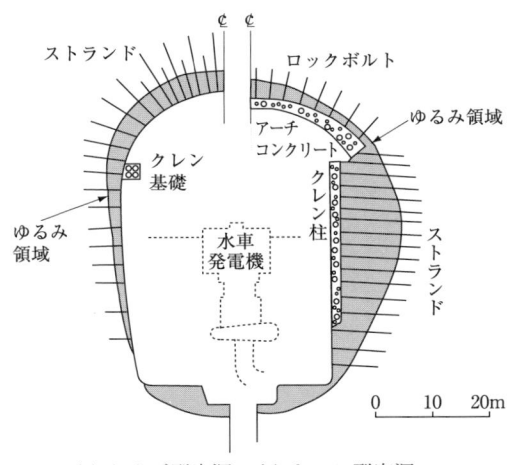

(a) たまご型空洞の場合　(b) きのこ型空洞の場合

図85 空洞形状の違いによる補強の合理化（たまご型の方がきのこ型よりも優れている）

(a) たまご型空洞　(b) きのこ型空洞

た鉄の棒、**図86**(a)）をアーチ部の上部岩盤に打設して、その後アーチコンクリートを打設する（たまご型空洞の場合はコンクリ

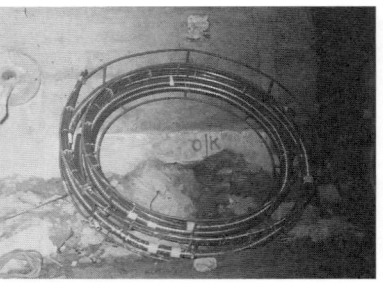

(a) 壁面近傍の補強に用いるロックボルト　(b) ゆるみ領域を深部岩盤に縫い付けるストランド

図 86 岩盤のゆるみ領域を補強するロックボルトとストランド

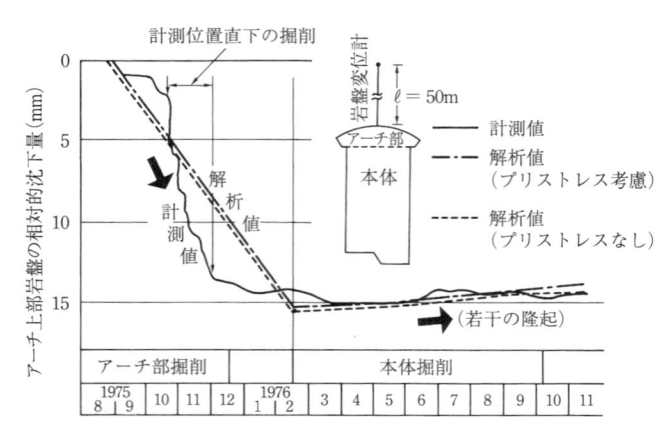

図 87 アーチ上部岩盤はアーチ部掘削時に沈下するが本体掘削時にはほとんど沈下しない（No.7 OYN 地点）[53]

ートを吹き付ける）。空洞本体の掘削を進めるときには、側壁のゆるみ領域をストランド（耐力の大きいワイヤーロープ状の補強材、**図 86**(b)）などで補強しながら順次掘り下がることになる。

図 87 は掘削に伴うアーチ上部岩盤の沈下の一例である。アー

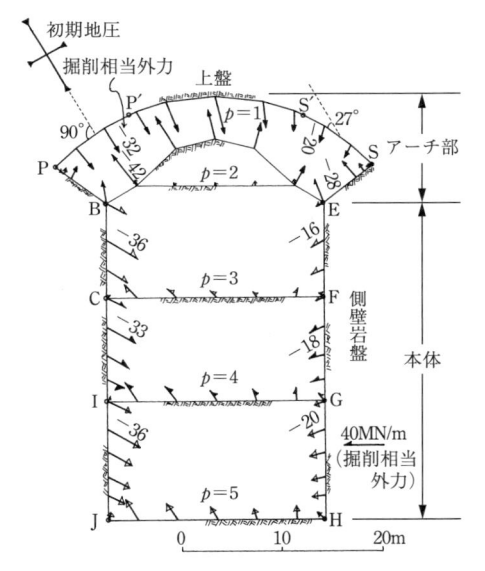

図 88 掘削するたびに掘削相当外力（図中の矢印）が岩盤の掘削面に作用する

チ部の掘削時には約 14 mm の沈下を生じ、本体の掘削では、沈下しないで逆にほんのわずかであるが隆起する傾向が見られる。この隆起は常識に反するように思われるが、掘削相当外力の作用方向を調べると理解できる。**図 88** は各掘削段階での掘削相当外力の一例である（掘削相当外力については第Ⅲ編の 2 節参照）。アーチ部掘削（$p=1$）のときには、アーチ上部岩盤（上盤）には下向きの掘削相当外力が作用するので、アーチ上部の岩盤は沈下する。次に本体掘削（$p=3$、4、5）のときには、空洞側壁に掘削相当外力が空洞の内側方向へ作用するので、側壁岩盤は空洞の内側に変形し、その結果アーチ上部岩盤は、水平方向に圧縮されて上方に押し上げられて若干隆起の傾向を示すことになる。

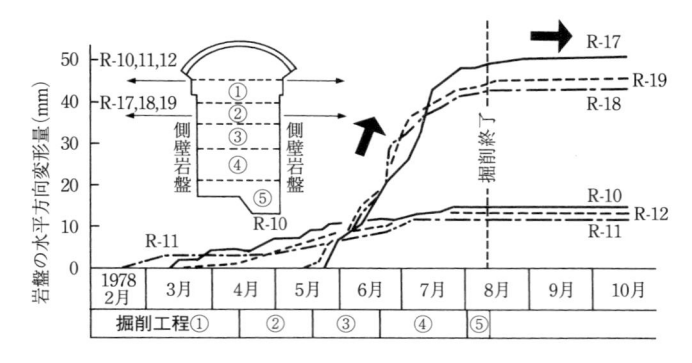

図 89 側壁岩盤の水平方向の変形は本体掘削とともに増大し、掘削が終了すると収まる（No.8 OYG2 地点）

次に側壁部の岩盤変形の一例を**図 89**に示す。計測は3断面で行っている。本体掘削（①→②→③→④→⑤）が進むと、側壁に掘削相当外力が空洞内側に向けて作用するので、各断面とも空洞内側へ単調に変形が増大し、空洞の掘削終了とともに変形が停止している。

このように、掘削相当外力を知ることにより、岩盤変形の傾向を予測することができ、どのような形状あるいは掘削順序がより合理的かなどの判断も、掘削相当外力を知ることによりできる。

以上が掘削解析手法の概略であるが、この手法とそれまでの弾性解析（**図 71**の(a)図）との結果の違いを示したのが**図 90**である。左半分には掘削解析手法で求めたゆるみ領域を、右半分には、空洞があいている岩盤の外部境界に外力を作用させる弾性解析（有限要素法による）の結果を示した。大きな違いは、弾性解析の場合アーチコンクリートが大きくゆるんでいるのに対し、掘削解析ではゆるんでいないことと、岩盤のゆるみ領域の発生場所が違う

初期地圧
$\sigma_1 = 4\text{MPa}$
$\sigma_2 = 1.3\text{MPa}$

（掘削解析手法）　（弾性解析）

ゆるみ領域

アーチコンクリート

ゆるみ領域

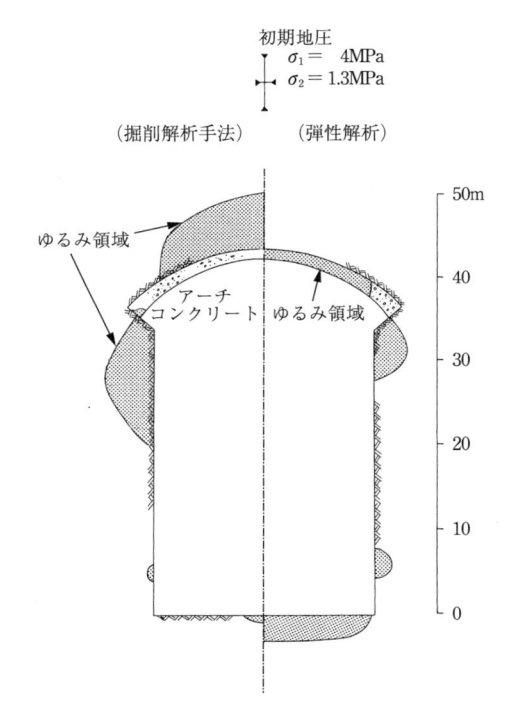

図90 解析手法の違いによりゆるみ領域の大きさも発生場所も違う

ことである。弾性解析では、アーチコンクリートを打設した状態で岩盤に外力が作用するので、アーチコンクリートに大きな荷重が作用してコンクリートが破壊し、そのぶんアーチ上部の岩盤はゆるんでいない。実際の掘削ではアーチ部分を掘削するときにアーチ上部の岩盤がゆるみ、その後でコンクリートを打つのでコンクリートは破壊しないことになる。

コラム ［空洞の岩盤調査］

　この掘削解析手法は、台湾や韓国でも空洞を建設するときに活用された。昭和 58（1983）年に台湾の揚水発電所建設のときに現地を訪れたが、国によって作業環境がずいぶん違い、驚いたものである。

　台湾の建設現場も日本の場合とほぼ同じで、木々の緑が美しい山間部に川が流れ、その河床よりも一寸高いところに調査坑の入り口があった。調査坑の入り口で、"酸素ボンベで酸素を出しているので、ハンマーの火花で爆発すると困るので岩盤を叩くときは注意して下さい" と言われてまず驚いた。調査坑内の酸素が足りなければ、送風管を設置して空気を送り込むのが普通だが……。電気が引いてないので懐中電灯で足元を照らしながら、所長はじめ 12、3 名で中に入っていくと、所々で酸素ボンベがシューシューと音を出している。調査坑を掘ってからだいぶ時間が経っているのか、崩落した 10～30 cm の大きさの小石がごろごろしていて歩きにくいが、人が歩けるように 30 cm ぐらいの幅だけ小石がよけてあった。近くの人が持っている酸素検知器がピーピー音を立てるので、"酸素が足りないの？" と聞くと、大丈夫だという。検知器が音を出すのに大丈夫だというのも何か納得できなかった。日本各地で鉄道、道路、電力、鉱山などの調査坑に入ったが、酸素ボンベで酸素を供給しながらの調査は初めてである。

　一緒に入ったうちの一人だけが先行して 100～200 m ぐらい歩いていき、行った先で懐中電灯で円を描くと、それが OK という合図で、残りの者が歩き出すというのにも驚いた。酸欠の検知のために籠に入れたカナリアなどを使うということは聞いたことがあるが、その人はカナリアの代わりなのだろうか。日本のダム現場の調査坑に調査で入った二人の地質屋さんが、酸欠で死亡したという新聞記事を思い出した。

　発電所空洞予定位置の岩盤を見た後で、岩盤試験をしたところを見たいというと、別の枝坑に案内された。日本では平板載荷試験がよく行われるが、そこでは岩盤にスリットをあけて、フラットジャッキ（氷枕のような形をした鉄製の薄い袋に入った油で圧力をかけるジャッキ）を挿入して弾性係数を求める試験（フラットジャッキ試験、ロッシャ（Rocha、人名）の方法などともいう）をしていた。枝坑には酸素ボンベが置いてなく、酸素不足を心配してだろうか、"早く出よう" とせかされて枝坑を出た。

　今になって思うと、私が岩盤を見たいといったので、急遽現場の準備をして

酸素ボンベということになったのかもしれない。それにしても稀な経験をしたものである。

岩盤の動きを予測し、実際に計測する

この掘削解析手法を使ってNo.1地点（**表11**（p.86）参照）の空洞掘削解析を行い、側壁の変形量やアーチコンクリートの応力を推定するとともに、ゆるみ領域の大きさを評価した。建設時にはこれらの結果と従来行ってきた補強方法も考慮して、ロックボルトやPS鋼棒（耐力の大きい鋼棒）による補強が行われた。

岩盤の変形計測は側壁岩盤の水平変位を計測するとともに、**図91**に見るように、空洞よりも高い標高95mにある調査坑から、空洞の周辺に岩盤変位計を設置した。ただし昭和40（1965）年当時、図に示すようなスパンの長い岩盤変位計は市販されていなかった。そこで手製の岩盤変位計を作成して計測した。ボーリング孔のなかに線膨張係数の小さいインバール線を通し、先端をボーリング孔の孔底に固定し、もう一方の端に滑車を経て錘をぶら

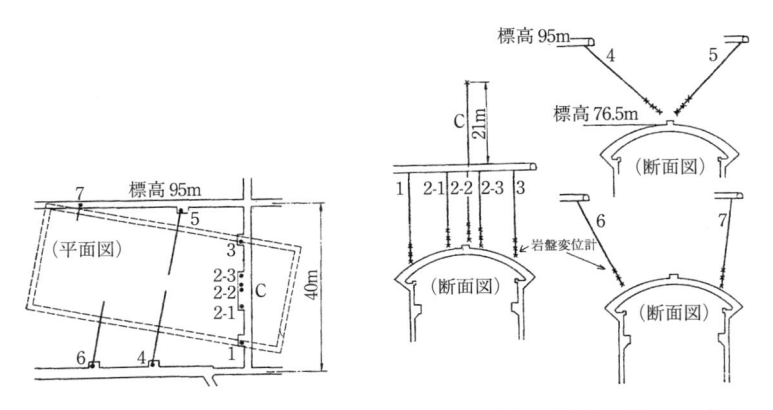

図91 長尺の岩盤変位計を埋設して空洞周辺岩盤の挙動を調べる（No.1 KSY地点）

(a) 岩盤変位計

(b) 変形計測部

図 92 手製の長尺岩盤変位計(昭和 40 (1965) 年頃)

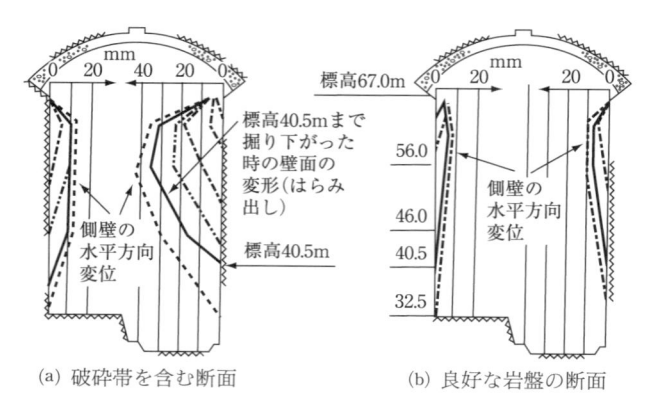

(a) 破砕帯を含む断面

(b) 良好な岩盤の断面

図 93 破砕帯のある断面は良好な岩盤の断面のところより壁面の水平方向の変形が大きい(No.1 KSY 地点)

下げ(**図 92**)、基準点での移動をノギスで測って岩盤の変形を計測した。

掘削が進行して空洞の本体下部の標高 40.5 m に達したころ、他の断面では 10 mm 程度の変形(**図 93**(b))であるのに、空洞の

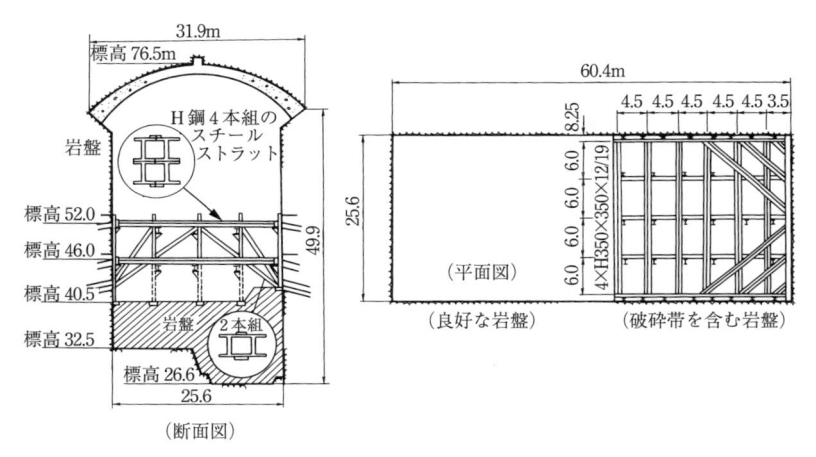

図94 スチールストラットで側壁の変形を抑制して岩盤不良部の掘削をする（No.1 KSY 地点）

一部で側壁のはらみ出しが三十数 mm と大きくなり（**図93**(a)）、ロックボルトの頭部がちぎれて鉄砲玉のように飛ぶものもでてくるようになった。補強の手当てをするとともに原因究明と今後の対応方策が検討された。そして、破砕帯があって局部的に岩質が悪かったのが原因であることが分かり、鋼鉄製のつっかえ棒（スチールストラット、大型のH型鋼4本を一組にしたもの）を2段（**図94**）に使用して、側壁のはらみ出しを抑制しながら掘削することになった。開発した掘削解析手法で、ストラットが座屈しないか、どの程度の応力が生ずるかなどの検討をして、大丈夫であることを確かめ、無事掘削を終了した[54]。**図95**に工事中の写真を示す。

図95 スチールストラットで側壁のはらみ出しを抑制して空洞を掘削する
（写真：関西電力(株)）

コラム ［潮の流れに身をまかせ］

　掘削解析手法もできて、地震国日本では地震がきたときの地盤や建物の安定性評価が次の問題であるということで、耐震解析手法を有限要素法を使って研究することになった。この問題もほとんど手がつけられておらず、手探りの状態で手法をつくり出し、昭和43（1968）年頃には、地震関係の学会で成果を発表できるようになった。

　地盤と地上の建物の相互作用も解析できるので、電力会社に出向いて、原子力発電所の地震時の安定性を検討しようと提案したら、当時はターンキー方式といって、受注した外国のメーカーがすべてをやるので、日本では検討しないといわれ残念な思いをしたのが思い出される。

　そうこうしているうちに、各電力会社では**表11**（p.86）に見るように、揚水地下発電所を次から次へと建設することになり、再び地下空洞の安定性の検討に携わることになって、結局耐震解析から離れてしまった。続けていれば今

頃は耐震屋になっており、岩盤屋とは違った道を歩いただろうが、潮の流れは分からないものだ。

空洞形状は No.1 地点（**図 94**）の場合を見ると分かるように、当初は"きのこ型"であった。しかし掘削解析結果（**図 82〜84**）から分かるように、きのこ型空洞よりもたまご型空洞の方が力学的に優れている。そこで揚水発電所の空洞を掘削するときに、従来のきのこ型形状よりもたまご型空洞の方が優れていると推薦したが、従来のきのこ型空洞で重大な問題があるわけでもないからか、新しいたまご型はなかなか採用されなかった。

トンネルの世界では新しくナトム工法が導入された

昭和 40（1965）年頃に、ヨーロッパから新しいトンネル掘削工法のナトム工法（NATM：New Austrian Tunneling Method）が日本に紹介された。それまでの在来工法は、H型鋼（断面がH型をした補強鋼材）や板材（矢板）でトンネルにかかってくる荷重を支えてトンネルを掘るのに対し、ナトム工法では吹付けコンクリート（型枠を使わないで、コンクリートを霧吹きのように直接岩盤に吹き付ける工法）とロックボルト（鉄筋状の鉄の棒）を使って、岩盤が主体となって荷重を支える。

トンネルを掘ると、壁面近傍の岩盤には割れ目ができて"石"になろうとする。割れ目ができるとさらに連鎖反応的に、奥の岩盤にも割れ目ができやすくなる。バラバラになった石は岩盤としての強度がなくなるだけでなく、"ゆるみ荷重"となって"外力"となる。この石になろうとするのをできるだけ早く阻止し、岩盤としての強度を保たせて、"材料"として活用するのがナトム工法の特長である。

ナトム工法では、掘削したら直ちにドリルで岩盤に孔をあけて、ロックボルトを差し込みモルタルなどで固定して岩盤を縫い合わせる。と同時に、コンクリートを岩盤表面に吹き付けて割れ目の発生を防ぎ、石になろうとする連鎖反応を断ち切るので、壁面の岩盤も強度を保った状態でトンネルを作ることができる。一方、それまでの在来工法では、掘削後H型鋼や矢板で掘削面を支えるが、掘削面の凹凸に十分なじめないので岩盤がゆるみやすい。次いでコンクリートの壁（覆工）を打つが、その型枠の設置と打設したコンクリートが固まるのに時間がかかり、その間に岩盤の"石"化が進み強度が低下してしまう。

　現在はナトム工法が主流になっているが、新しい方法はとかく面倒がられるもので、導入に際しては当初抵抗があった。新しい工法なので、当時私も鉄道関係のナトム工法の現場を何回か見学した。ある現場では在来工法相当の建設費を支給するから、ナトム工法で実施するようにと経済的に後押ししたり、東北新幹線の平石トンネルの現場では、地表までの地盤の厚さ（被り）がわずか3mと薄いにもかかわらず、ナトム工法でトンネルを建設し技術の確立に挑戦していた。数m程度の薄い被りの場合には、溝を掘るように岩盤を取り除いて、コンクリート壁を打設した後に埋め戻した方が工費的には安くなる。そのようなことを現場で見聞きするにつけ、鉄道関係者の並々ならぬナトム工法への熱意に強い感銘を受けたものである。

　現在ではナトム工法の特長がよく認識されて主流となり、ナトム工法では在来工法に比べ、トンネル掘削にかかる直接工事費用では6割弱、ズリ捨てや環境対策費まで含めたトンネル全体で約1割のコストダウンになった[55]といわれるが、新しい手法が定着するにはそれなりの時間を要するように感じられる。

新工法の採用に、土木の現場で抵抗があるのには理由がないわけではない。岩盤という材料が天然の産物のためバラツキ（第Ⅰ編の12節参照）があり、さらに日本列島の激しい地殻変動で岩盤は千変万化していて、荷重となる地圧もこれまた複雑である。そのために現場での変形計測などの情報をもとに、当初の設計を見直しながら建設を進める土木独特の、"情報化設計施工"（第Ⅳ編の2節参照）が必須となっているほどである。掘削現場で何か予期しない出来事が起こった場合、従来の工法であればそれまでに積み重ねた経験や知恵で対応しやすいが、新しい工法では慣れていないのと、経験がないために、何かが起こったときの対応に手間取る可能性があり、それらが抵抗となる。しかし、新工法はそれなりの優れた特長をもっているわけで、抵抗を受けながらも浸透していくことになる。

大空洞の世界ではきのこ型からたまご型へ

　地下発電所の空洞形状の場合でも、きのこ型空洞に代わってたまご型空洞が徐々に採用されていった。昭和54（1979）年に、北陸電力のNo.11地点の地下発電所空洞（高さ20.8 m×幅14.6 m×長さ30 m）でたまご型空洞は初めて採用され、その後昭和57（1982）年に、東京電力のNo.16地点の地下発電所空洞（高さ51 m×幅33.5 m×長さ160 m）、平成6（1994）年に関西電力のNo.19地点の発電所空洞（高さ47 m×幅25 m×長さ130 m）、平成10（1998）年に東京電力のNo.20地点の発電所空洞（高さ51.4 m×幅33 m×長さ216 m）でも採用された。

142

コラム ［たまご型ときのこ型］

　ある地下発電所の空洞が、間もなく完成するころに建設所長と話をしていて、なぜたまご型空洞を推薦してくれなかったのですかといわれ、啞然としたことがある。発電所を建設する場合、まず準備事務所が開設され、次いで本格的になると調査事務所となり、建設が本決まりになって建設事務所となる。掘削解析手法による検討は準備事務所の頃から始まり、その時に我々はたまご型を推薦したが採用されなかった。準備段階から空洞完成までには数年以上かかり、その間に準備事務所の所長と建設所の所長とで人は入れ代わっていたわけである。

4. 手法にもクセがある

　ある現場で空洞掘削解析の結果を報告したとき、先方の担当者から、空洞の変形が一寸おかしい感じがするのですがといわれた。そう言われて見直してみると確かにおかしい。調べてみると、応力集中するところの要素分割は十分に小さくする必要があるのに、その地点の場合小さくなっていなかったので、掘削相当外力に誤差が生じていた。

　空洞掘削は**図71**(b)のように、空洞の本体部は1回の掘削で下方に2〜3mずつ掘り下がり、同図では13回で掘っている。空洞掘削解析では、これを簡略化して4〜6回程度で掘削するとして解析していたが、その地点では実際の掘削工程に近づけるように、本体を12回で掘削した場合を解析することにした。掘削工程はより実際に近いものとなったが、当時の電子計算機の容量の関係で、応力集中する隅角部の要素分割を十分に小さくしていなかった。掘削解析手法を開発してからすでに15年近くが経過しており、慣れと惰性で注意を怠った結果と恥じ入った次第である。

実験器具にはクセがある。例えば三軸試験機では、軸圧をかけるシリンダーのフリクションが、軸荷重の誤差となることがあり、試験機ごとに補正をする必要があった。これは装置のクセといわれ、実験器具だと物理的な機構が原因であるので、クセは理解しやすいが、数値解析ともなるとクセなどないように思われるが、必ずしもそうではない。

　有限要素法では、応力集中が生ずるところは要素分割を十分小さくしなければならないのがこの手法の特徴、いわばクセであり、上述のことはそのことを忘れたための失敗であった。

　斜面の掘削問題のときに境界のとり方で苦労した。解析で扱う地盤の境界条件は図 96 のように、境界の両側は上下方向に岩盤が動くことができるローラー条件とし、底面は固定にしていた。斜面掘削の場合この領域の幅Wと高さHをどのようにとるかで、掘削による地表面の変形量が異なってくるのである。5 cm の長さと 10 cm の長さの棒を同じ力で引っ張ると、10 cm の棒の方が

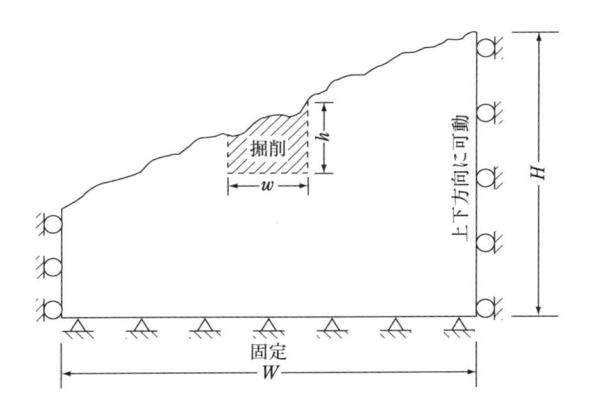

図 96　解析する地盤の領域（W, H）の大きさにより掘削地表面の変位が違う

伸びる量が大きいのと同じで、Wが十分に大きくない場合には、Hを大きくすればするほど地表面の変形は大きくなる。解析領域の大きさは、通常は掘削する幅w、高さhのそれぞれ数倍の大きさをとるが、領域の縦横比なども関係するので注意する必要がある。

　掘削解析のように、非線形な岩盤物性を扱う場合には、この非線形性の表現が、適用しようとする岩盤の非線形性を十分に表現しているか否かが重要であるが、時としてその吟味をしないで使っている場合がある。これはクセではないが手法の適用範囲のチェックを怠ったことになる。

　弾性係数、強度などにはバラツキがあり、地圧の大きさも岩盤の硬軟により変化している。それらの値を決めるときには、その不確定性に悩んだにもかかわらず、解析結果がきれいに図化されて出てくると確定的な顔をしている。使った数値の精度以上の結果は出てこないという事実を認識して、その都度解析結果を見ることが大切となる。

第IV編

分からないことが分からない

1．分からないことの内容

　岩盤は決して同じ顔をしていない。いい岩盤だなと思って掘削していると、10 m も掘らないうちに突然悪くなったり、地下水が大量に噴き出したりする。岩盤という自然を相手にするので、現場ではいろんな分からない場面に遭遇するが、分からないことにも種類があるように思われる。つまり、"分からないこと"は"分からないことが分かっている部分"と"分からないことが分かっていない部分"に分けられる。

　「分からないこと」＝「分からないことが分かっている部分」＋
　　　　　　　　　　「分からないことが分かっていない部分」

　前半の"分からないことが分かっている部分"は、分からない対象が明確であるので、研究して明らかにすることができる。未経験の巨大断面の空洞をどのように掘ればいいか、掘削解析手法の研究はその一つの解決方法である。しかし後半の"分からないことが分かっていない部分"は、我々がそのこと自体を容易には知ることができないために、解明を進めることができない。ではどうしてその存在が分かるかというと、一つの例としては、事故などが起きて初めてそのことが分かる場合がある。

　昭和29（1954）年に、ジェット旅客機のコメット機が空中分解を起こした。一度ならず二度も連続して起き、分解した機体の破片を海中からも拾い集めて、徹底した原因解明が行われ、機体の疲労破壊が原因であることが分かった。コメット機を設計する段階では、考えられるすべての荷重条件のもとに設計されたが、地上と上空とで、気圧の変化により機体が繰り返し応力を受け、材料が疲労破壊をするということに、十分な対応ができていなか

ったのである。

　「事故が学問を進歩させる」というと不穏な表現であるが、上記のことはまさにこのことを示しており、事故が起こったときには、その原因を徹底して究明することが肝要で、それによって未知な現象の解明や次なる事故を未然に防ぐこともできる。
　アメリカのティートンダムが昭和51（1976）年に決壊した。米国政府は即座に原因究明の調査団を派遣したが、そのとき政府ベースとは別に、独立調査団を結成して別途原因究明を図るという新聞記事を見て、原因究明への強い意気込みに深い感銘を受けたことを覚えている。
　災害列島といわれる日本では、地震・台風・津波・洪水・地すべりなどと、自然災害が一年中発生している。大きな事故では調査団が派遣されるが、往々にしてその報告書はおざなりであることがある。事故と施工責任との関係が絡まるからであろうか、"分からないことが分かっていない部分"を解明しないことには、事故の根絶はあり得ないわけで、大変残念なことだが、彼我の大きな違いを感じた。
　自然現象には人智を超えたものがある。学問はたえず未知に挑戦し輝かしい成果を挙げてはいるが、一方では分からないことが分かっていない領域が、まだまだあることを心の隅においておくことが大切である。次節にでてくる"情報化設計施工"は、自然の未知な部分を念頭においた工法と考えることができる。

2．岩盤に聴く

　3億kmも離れた遠い宇宙かなたの惑星で岩石を採取したり、小さなカプセルを飲み込めば、胃の中の状態や小腸の動きまでが動画で見ることができ、遺伝子を調べればかかりやすい病気も分かるという現在、岩盤の内部は、掘削切羽から10mも離れればどうなっているか正確には分からないとはどういうことだろうか。四百四病、病の悩みからの開放は人類の本能的なまでの欲求であり、ギリシャ時代のヒポクラテスにまで遡る長い歴史が医学にはある。また宇宙の神秘への探求は、同時に未知なる資源やエネルギー獲得という世界戦略も奥に秘めており、国家的な投資を引き出すのに成功している。

　一方、岩盤工学は、昭和34（1959）年のマルパッセダムの崩壊や、4年後の昭和38（1963）年のバイヨントダムでの2.4億m^3の地すべり事故などが契機となって、注目されるようになった若い学問で、歴史もまだ50〜100年そこそこである。しかも日本列島の地質は激しい地殻変動の影響で、極めて複雑な地質構造となっていて、トンネルや空洞の建設現場では工事泣かせの原因となる。大空洞掘削に関連した二、三の事例を次に述べる。

　岩盤崩壊は思いがけないときに起きる。高さ46m、幅22m、奥行き140mの空洞掘削中に、空洞の側壁が局部的に崩壊した。空洞を取り巻くように掘った直径2m程度の排水用トンネルの壁面は、しっかりとした花崗岩で、H型鋼などの支保工もない素掘りのトンネルであった。一般の人は支保工のあるトンネルだと安心感を抱くようであるが、素掘りトンネルは支保工が要らない

ほど岩盤が強いわけで、安心感を私は持つ。その排水坑から空洞に入ると、局部崩落は3カ所で起きていた。最大のところは空洞の側壁が幅25 m、高さ23 m、奥行き約7 m、体積にして約1600 m³の岩盤が崩落し、崩壊した岩石の中にはロックボルトが刺さったままのものもあった。いま歩いてきた小断面の排水坑では安定している岩盤も、断面積800 m²を越す大空洞となると岩盤は安定しないことを強烈に示していた。局部崩壊の原因は潜在していた小さな弱層と考えられる。幸い崩落は夜間に起き、人身への被害はなかったが、復旧までの時間と費用は大変大きいものであった。

　地下発電所空洞の建設位置を決めるには、地表で広域にわたって地質を調べ、踏査もして良好な岩盤の分布する場所を探し、より詳細な検討をするために、調査坑（断面2 m×2 m程度）を掘って岩盤を調べ、さらにはボーリングを行って空洞予定位置の地質を入念に調べる。しかしそのような調査をしても、現実には予期しない地質の変化に悩まされる。つぎの場合がその一例である。

　予定空洞（幅約21.5 m×高さ43.3 m×奥行き55 m）の上方約40 mにある調査坑から、空洞を取り囲むように下向きに数本のボーリングを行い、ボーリングコアがC_H級岩盤であることを確認し、予定空洞部分もC_H級と判断して掘削工事を開始した。ところが、アーチ部を掘削して、空洞上部の岩盤に変位計を埋設するために上向きのボーリングをしたところ、ボーリングコアは砂状のスライムで、岩盤はC_L級でよくないことが分かった。そこで急遽アーチコンクリートの設計を変更し、鉄筋の量を増やすことになった。調査坑とボーリング調査により空洞位置の地質を判断したが、空洞直上部の岩盤は、ボーリングの間隔約30 mの

間で局部的に地質が急変していたわけである。

　岩盤は季節の気温変化や風雨の影響により風化する。その影響は地表で大きく深部になればその度合いが小さくなるので、地表よりも深部の方が岩盤は良くなるのが一般の傾向である。しかしながら地殻変動や火山活動の盛んなわが国では、頭ごなしにそう考えるのは禁物である。その典型ともいえるのがつぎの例である。

　調査坑では C_H 級の良好な岩盤であったにもかかわらず、調査坑から約20 m下がった位置で空洞を掘り始めると、C_M〜C_L 級の岩盤に変化しており、ダイナマイトを使わないで、ブレーカーという機械で叩き崩して掘削できるような岩盤が出現した。本体掘削は、従来よりも掘り下がる速度を遅くするとともに掘削壁面の補強を増加するなど、周到な対策を施して空洞は完成した。

未知との遭遇──情報化設計施工

　工事に先立って調査・試験・解析をして、掘削時の空洞の安定性を事前に調べるが、地殻変動や火山活動の激しい日本列島では、地質が極めて複雑で、岩盤はいろんな種類が入り混じってモザイク模様となっている。第Ⅰ編の12節：天然材料なるがゆえのバラツキで見たように、岩盤試験で求めた弾性係数などは、大きい場合では5、6倍程度のバラツキがあり、地圧の大きさも岩盤の硬軟などにより2倍程度のバラツキがある。したがって、実際の岩盤も解析した結果と同じような動きをするとは限らない。さらに、大きな断層や破砕帯を見落とすことはまずないが、小さなものまですべて調べ上げることは不可能である。しかしながら、小さい破砕帯であっても、場合によっては空洞の安定性に影響することがある。したがって、掘削時には先に述べた事例のように、

予期しないことが生じると考えておくべきで、"岩盤・地質について未知の部分がどこかに残っている可能性"を常に頭に置いておくことが肝要となる。そこで、掘削の開始とともに"未知との遭遇"があるのならば、それをいかに早くキャッチするかがポイントとなる。そのためには岩盤の変形やアーチコンクリートの応力などを測ったり、場合によっては先行ボーリングをして、掘削予定位置の岩盤を調べたりして、想定外の状況の有無を察知することが必要となる。その際に事前の掘削解析結果などが重要な働きをする。例えば岩盤の変形量が事前の掘削解析結果と比較してより大きければ、地質の急変や予測できなかった弱層などがある可能性が大きいと判断できるなどである。

このように掘削中の岩盤の挙動を計測して、その結果を直ちに施工や設計に取り入れる（フィードバックする）独特の手法を"情報化設計施工"[56]と呼んでおり、わが国のように複雑な岩盤の場合には大変有用であると同時に必須でもある。

情報化設計施工という言葉は最近の言葉であるが、掘削現場で得られる情報を活かして安全に掘削を進めるということは、なにも最近になって初めて行われるようになったわけではなく、現場技術者は以前から実施してきたことである。

昔はトンネルを掘るときに、木製の支保工を使用していて、そのきしむ音を聞いて、岩盤崩壊の危険を"斧指し"（よきさし：トンネルの熟達した技能工。広い経験を持っていて坑内作業や木製支保工の組み立てができる）は察知したということを聞くが、これも情報化設計施工の原初的な姿である。

岩盤を掘れば岩盤や支保工は変形し、我々に語りかけてくれる、そのつぶやきを聞き漏らさないことだ。現代では各種計測器が発達し、パソコンでの迅速な処理や図化も容易になっているが、

「岩盤に聴く」ということは、今も昔も変わりがなく最も基本的なことである。

施工しながら岩盤の状況に応じて設計まで変更して建設するという手法は、建築の世界や橋梁の建設にはない手法で、バラツキの多い岩盤、複雑な地質の自然を対象とする岩盤工学の、非常にユニークな一面である。

コラム ［現場のデータを活かす］

大学院の学生のときに、平松良雄教授のお供をして、琵琶湖の北にある雪が降り積もった鉱山へ、通気の調査に行ったことがある。鉱山には網の目のように坑道があり、坑道内の気圧と温度を各所で測り、坑道の中の空気を希望する方向にスムーズに流れるようにするための調査が通気調査である。

一日の調査を終えて、夕食には一杯の日本酒も飲み、食事が終わって部屋に戻ってからその日の計測結果をまとめることになる。部屋にはお燗（かん）した酒が2、3本、酒のお好きな先生に届けられ、それを片手でチビリ、チビリとやりながらデータ整理である。

計測器は大学の手作りで、気圧を測るために沢山のコックがついていて、その日計測途中で、私はコックの開閉操作を1回間違えた。そのため計測データはもう使い物にならないと思っていた。間違えたことを説明すると、そのときの条件はどうだったのか、それならばこの値はこうなると補正されて結論が出た。

間違えて明日再計測になり申し訳ないという思いだったが、データが活かされてホッとした。と同時に、どんなデータでも詳細にみれば自ずと語っているところがあり、それを見落とさないことが大事であることに気づき、その後の研究生活を送る上での、貴重な経験となった。

3. 安全率3は2よりも安全か

　四季折々豊かな自然環境のもとで育まれた日本語は、美しい言葉であるが同時に曖昧さが裏に含まれることがあり、難しい言語でもある。例えば"安全率"の定義は、構造物を作る材料の強度と外力によって発生する応力の比（強度／応力）であり、応力の2倍の強度があれば安全率は2となる。この安全率の数値の大きさは、コンクリートダムの基礎岩盤では4.0で、石混じりの土を突き固めて作るフィルダムでは1.2と定められている。**図97**はそれら両ダムの写真の例である。単純に考えると、同じ水を貯める土木構造物であるのに、コンクリートダムの方がフィルダムより安全に造っているということになるが、そのように考えていいのだろうか。

　岩盤もフィルダム材料の土も、ともに天然の産物であるので、バラツキを避けることができない。岩盤の強度は底面が60 cm四方で高さ40 cm程度の岩塊を削り出して、根元のところでせん断して求める（第Ⅰ編の8節参照）が、試験結果にはバラツキ

(a) コンクリート重力ダム　　(b) ロックフィルダム

図97　コンクリート重力ダムとロックフィルダム[57)]

があるし、ダム全体の大きさを考えると、岩盤の強度が場所によって変化している可能性がある（バラツキについては第Ⅰ編の12節参照）。このバラツキによる"不確定性"を考慮するので安全率を4.0と大きく設定していると考えられる。ではなぜフィルダムの安全率が1.2と小さいかというと、材料の土の品質が悪い場合には、ほかの土とブレンドして所定の強度になるように調合ができるので、安全率を小さくすることができる。コンクリートダム基礎の岩盤も、割れ目が多い場合にはセメントを流し込んで改良したり、断層があれば部分的にコンクリートで置き換えて補強できるが、フィルダムの材料ほどにはコントロールすることができない。

つまり、バラツキによる不確定性を小さくできるか否かの違いが、この4.0と1.2の違いだと思われる。したがって、これらの値は、安全率というよりも材料のバラツキを考慮するために必要な係数と考えられ、「所要係数」などと呼ぶのが妥当である。では所要係数を満足するようにしてつくったダムの安全率はどうなるかというと、本来の姿としては、まず材料の強度がばらついているので、強度の代表値として平均値を求め、次にバラツキによる影響を考えて、強度を低減して安全率を求めることになる。つまり、安全率は（強度（平均値）－n×標準偏差）／応力となる。標準偏差はばらつきの程度を表す値で、バラツキがない場合にはゼロとなる。nはバラツキの重みを考慮するもので、構造物の重要性に応じて決めることになる。ただし、第Ⅰ編の12節で見たように、岩盤強度のバラツキについてのデータは極めて少なく、バラツキの大きさや標準偏差、その分布形状などは今後に残された課題の一つとなっている。

エレベーターを吊るすワイヤは工場で作るので、強度のバラツ

キが天然材料の岩盤などに比べれば無視できるほどに小さい。したがって、エレベーター重量の5倍の強度を持つワイヤで設計すれば安全率は5となる。つまりバラツキによる不確定性が小さい人工材料の場合には、安全率の概念をそのまま適用できるが、バラツキの大きい天然材料の場合に同じ安全率という用語を使うと、最初に述べたような誤解が生じる。

コーヒーブレイク ［クモも安全率を知っている］

　安全率の問題は人工構造物に限ったことではない、自然界にも存在する。クモは巣を張って昆虫などを捕獲するが、自分で紡いだ糸（牽引糸という）にぶら下がって行動する。その糸が細すぎれば切れて地上に落ちてしまうし、太すぎれば体力の消耗が大きくなる。この牽引糸はクモの体重の2倍まで耐えるようになっていて、安全率は2となっている[58]。見た目では分からないが、牽引糸は2本の細線からできていてお互いに側面でくっついている。1本が切れてももう1本で助かるという自然界の妙味を感じる。

　この牽引糸の安全率は、子グモのときは3で成長すると2になる。子グモ時代はヤンチャで無謀な冒険もするので安全率を3と大きくしておき、長じては2にするとは！　とうてい我々人間のなしうるところではなく、自然界の精緻な仕組みに感嘆の言葉もない。さすが4億年の進化の歴史を持つクモだけはある。それに比べれば、高々700万年程度の歴史しか持たない人類は、クモから見たら進化の段階では、まだまだ子供程度なのかもしれない。

　大学の講義でこのように話してきたが、別の大学で講義することになり、ほんとにこれでよかったのかと今一度調べてみた。まず安全率の数値を確かめようと、手元の「第2次改定　ダム設計基準」を見ると、数値は4.0と1.2と変わっていなかったが、この基準は昭和53（1978）年発行で、すでに29年経過している。その後の改定ではどうなっているかと、発行元の日本大ダム会議に聞いてみると、その後改定はしていないとのことであった。第

2次改定時の関係委員名簿が基準に載っており、何人かの人々とは面識があったので、数値を決めた経過や背景などを問い合わせてみた。ほぼ30年も昔のことで、資料も散逸し大変なことと思われるが、長文のご返事を下さった方もあり恐縮した。

教えて頂いたことに私の考えも加えてまとめると、違いの原因は次のようである。

① 材料特性の違いと破壊の仕方に違いがある。土は大きな変形が生じてもある程度の強度を保持しており、破壊が始まっても一挙に全体破壊とならない。一方コンクリートや岩盤は土に比べると、破壊が始まると一挙に進行するという違いがある。ちなみに昭和51（1976）年に起きたアメリカのティートンダム（フィルダム）の破壊は、変状に気づいてから全体破壊にいたるまで約2日かかり、死者は約10名であった。一方フランスのマルパッセダム（コンクリートアーチダム）は、昭和34（1959）年にダムの基礎岩盤の断層が原因で、ごく短時間のうちに崩壊し、死者約400名となっている。

② 安全率の定義が異なっている。つまり、フィルダムでは土塊"全体"が一体となってすべる場合の"すべり安全率"を求めている。それに対しコンクリートダムでは、岩盤の"局部"がせん断して破壊する場合の"せん断破壊安全率"を計算している。

③ 岩盤や土の材料強度のバラツキによる不確定性の違いがある。これについては先に説明したとおりである。

④ フィルダムには長い歴史がある。治山治水は古代より政治の基本で、エジプト王朝でも紀元前すでに貯水池のためにフィルダムが築造されている。わが国でも満濃池（大宝年間（700年頃））などにみられるように、古くから潅漑用の土木

構造物が作られている。

　安全率の大きさは技術の進歩とともに変化しており、その結果が現在の 1.2 である。さらに類似の構造物や経験が参考となり、斜面、地すべりの安全率は 1.2 と規定されている、などであった。

安全率は、もともとが"神ならぬ人間のなすワザ、完璧を期すことはできない"ことへの配慮で、その安全率の大きさは、長年の経験、技術と知識に基づき決められ、さらにその構造物の社会的な重要性と経済性を考慮して決められ、建設技術のレベルとともに変化していく。

それにしても、30 年近く経過してもダムの安全率が同じというのはどういうことなのだろうか。

4．自然と地下

自然豊かな国立公園の瀬戸内海に浮かぶ小島を前にして、すべての建物を地中に埋めてしまいたい、と建築家の安藤忠雄は感じたという[59]。自然と人との調和を考えるとき、地下利用はそのように自然なことであり、香川県直島の"地中美術館"は生まれた。地下にありながら自然光を採り入れ、1 日のうちでも時間によってモネの睡蓮の見え方が変化したり、光そのものを作品にするタレルなど、ユニークな美術館である（**図98**）。

自然と同化した建築、自然の一部としての建築を創りたいと願った I. M. ペイは、滋賀県信楽町の MIHO 美術館を設計した。自然の雄大さを最大限に活かした結果、建物容積の 8 割が地中に

図 98 地中美術館：美術館を岩盤の中へ（前方の山の上に建物の一部が見える）

埋没し、自然に映える建築を実現した[60]。

　岐阜県の高山祭りは、飛騨の匠の技術を集成した屋台の素晴らしさと、落ち着いた佇まいの街自体が大きな魅力で、毎年多くの観光客を集めている。この高山の豊かな緑に囲まれた自然の森そのものに溶け込んでいるのが、中田金太の"ジオドーム高山祭りミュージアム"である。いわば「山の胎内」ともいうべき直径40 m、高さ 20 m の半球状の完全な地下空間が、平成屋台を収める美術館[61]となっている（**図 99**）。

　都市と自然との融合で思い出されるのは、幕末期に日本総領事を務めたイギリスの外交官オールコックの言葉である。彼は江戸

図 99 平成屋台：祭りの場を地中へ（高山祭りの広場）[62]

について、「ヨーロッパでは、これほど多くの全く独特の素晴らしい容貌を見せる首都はない。また、概して首都やその周辺の地方に、これに匹敵するほどの美しさ——しかもそれは、あらゆる方向に、数リーグ（20〜30ｋm）に及んでいる——を誇りうる首都はない」[63]と書き残している。

「江戸の独自性は都市が田園によって浸透されており、都市はそれと気づかぬうちに田園に移調しているのだった。しかも重要なのは、そのように内包されあるいはなだらかに移調する田園が、けっして農村ではなくあくまで都市のトーンを保っていたという事実だ」[64]。

自然との調和は、潤いのある豊かな生活そのものであり、景観保全などとわざわざ言わなくても、自然体で実現していたのが日

本人であった。オールコックのみならず江戸末期に日本にやってきた外国人の多くが、自然と調和した日本人の生活、日本の都市に惜しみない驚嘆の賛辞を送っていた。

　しかし、近代化の大波が日本を襲い、東京はコンクリートジャングルと化し、美しい海岸線はコンビナートで覆われてしまった。あまりにもあわただしすぎた……、時間の流れが速すぎたのだ。

　　春はあけぼの。
　　　ようよう白くなりゆく山ぎは
　　　　すこしあかりて、
　　　紫だちたる雲の
　　　　ほそくたなびきたる。

　緑の光、山川のせせらぎ、風にそよぐ木の葉のささやき……、ほとんどが山岳に覆われた山紫水明のわが国土、自然を愛し自然に育まれてきた日本人の底流が変わったわけではない。美しい地上の連続が地下であり、地下から地上に出れば青々とした海と白砂青松が打ち続く……、オールコックらが見た江戸に匹敵する生活空間のさざ波が、ゆっくりと静かに打ち寄せてくる。

あとがき

　筆者は電力中央研究所に約 40 年間勤務し、その間に東京工業大学の大学院で、岩盤工学の授業を約 20 年間（隔年）担当した。本書は、その時の講義内容を素材としている。東京工業大学の場合、学部には岩盤工学の科目がないので、学生は大学院で初めて岩盤工学の授業を受けることになる。大学院は学部での知識をもとに、研究能力を養うとともに、より高度の知識を得るところであり、単に岩盤工学の教科書的な内容では大学院の講義にふさわしくない。そこで、岩盤とはどのような特徴を持つ材料であるのか、外力は何かの基本から始め、問題点はどこにあるのか、未知の課題をどのように解決していくか、現場の計測結果から何が読み取れるかなどを中心に、学生と対話しながら、考える力を養うように努めた。意図したものがどれほど達せられたかはおぼつかないが、本書が岩盤工学の教科書などと比べて、構成と内容が違うのは、このような背景からである。

　電力中央研究所では、岩盤工学の研究を中心に、本書でも述べた大空洞の安定性の問題などを研究してきた。その間、電力中央研究所の林正夫博士をはじめ多くの方々から教えを受けると同時に、北海道から九州に至る各電力会社の現場で、沢山の人々からご指導をいただいた。本書をまとめることができたのは、これらの方々のお陰であり、出版に際しては石原研而中央大学研究開発機構教授（東京大学名誉教授）にご尽力いただき、また鹿島出版会の橋口聖一次長にお世話になりました。ここに厚く御礼申し上

げる次第である。

2007 年 8 月

日比野 敏

参考文献

1) 土木学会：土木技術者のための岩盤力学 昭和50年改訂版、土木学会、p. 1、1975
2) 川本眺万・吉中竜之進・日比野敏：岩盤力学、技報堂出版、p. 8、1985
3) 北野晃一・久野春彦：今市揚水地点地質調査報告（その5）―今市地下発電所の地質と掘削時岩盤挙動の地質学的考察―、電力中央研究所（以後、電中研と略す）依頼報告 U92518、1993
4) 岩盤分類、応用地質特別号、日本応用地質学会、p. 155、1983
5) 糟谷憲司・斉藤和雄：花崗岩類試料の変形に関する試験結果について、電中研報告 土木 63010、1963
6) 土木学会：原位置岩盤試験法の指針、土木学会、p. 161、1990
7) 岡田哲実・谷和夫・田中幸久：堆積軟岩上の平板載荷試験における各種計測と分析、第10回岩の力学国内シンポジウム講演論文集、pp. 629～634、1998
8) 御牧陽一・片野正三・上条実：新高瀬川発電所水圧鉄管の岩盤負担について、発電水力 No. 138、pp. 3～14、1975
9) 日比野敏・林正夫・本島睦：異方性岩盤（花崗岩類）における大規模空洞掘削時の岩盤挙動に関する考察、電中研報告 No. 379028、p. 14、1980
10) 前出6)、p. 171
11) 色部誠：黒部第四ダムの岩盤変形についての考察、電中研報告 No. 65144、pp. 33～37、1966
12) 林正夫・荒畑登：黒部第四ダム地点岩盤試験報告、電中研報告 土木 56055、1956
13) 本州四国連絡橋公団・(財)海洋架橋調査会：耐震・基礎委員会報告、平成4年度、pp. 140～145、1993
14) S. Hibino & M. Kamijo: Evaluation of the Macroscopic Deformation Characteristics of Rock Mass Obtained by Tests and Measurements, Proc. 3rd North American Rock Mechanics Symp., Cancun, Mexico, 1998
15) 工藤洋三・橋本堅一・佐野修・中川浩二：花崗岩の力学的異方性と岩石組織欠陥の分布、土木学会論文集 No. 370／III-5、pp. 189～198、1986
16) 林正夫・日比野敏：地下の開削に伴う周辺地盤のゆるみの進展に関する解析、電中研報告 No. 67095、p. 11、1968

17) 熊谷直一・伊藤英文：花コウ岩大型ビームの長期たわみ実験の最初の10年間の実験結果とその解析、材料 第17巻 第181号、pp. 80〜81、1968
18) 伊藤英文・熊谷直一：岩石長期クリープ実験の結果について、第8回岩の力学国内シンポジウム講演論文集、pp. 211〜216、1990
19) 赤木知之：ダム基礎岩盤のクリープ変位、第16回岩盤力学に関するシンポジウム講演論文集、pp. 315〜319、1984
20) 大草重康：土木地質学、朝倉土木工学講座6、朝倉書店、p. 80、1978
21) 前出16)、pp. 6〜7
22) 斉藤孝三・白江健造：原位置岩盤せん断時における岩盤内ひずみ測定、土木技術資料 Vol. 23、pp. 15〜20、1981
23) Mogi, K.: The influence of the dimensions of specimens on the fracture strength of rock. Bull. Earthquake Res. Inst., Tokyo Univ., Vol. 40, pp. 175〜185, 1962
24) 仲村治朗・河村精一・村中健二：大型構造物基礎岩盤としての互層堆積軟岩の変形・強度特性に関する考察、土木学会論文集C 第62巻 第2号、pp. 414〜428、2006
25) 山口梅太郎・下谷高灑・下村彌太郎・安藤行郎：ある石灰石鉱山における斜面崩壊の事例について、日本鉱業会誌 97巻 1125号、pp. 1157〜1162、1981
26) 塚原弘昭・池田隆司：地殻応力測定値から推定した堆積岩岩盤中の応力状態、地質学雑誌 第95巻 第8号、pp. 571〜578、1989
27) 田中豊：応力測定による地殻浅部の破壊の予測、第10回岩の力学国内シンポジウム講演論文集、pp. 251〜256、1998
28) T. Kanagawa, S. Hibino, T. Ishida, M. Hayashi & Y. Kitahara: In situ stress measurements in the Japanese islands: over-coring results from a multi-element gauge used at 23 sites, Int. J. Mech. Min. Sci. & Geomech. Abstr. Vol. 23, No. 1, pp. 29〜39, 1986
29) 村上良丸：トンネルの歴史 第1巻、土木工学社、pp. 218〜222、1975
30) 吉村亘：トンネルものがたり、山海堂、pp. 16〜18、2001
31) 国際大ダム会議日本国内委員会：コンクリートダムの発達、大ダム 第6号、p. 12、1958
32) ロバート B. ヤンセン著・君島博次訳：ダムと公共の安全―世界の重大事故例と教訓、東海大学出版会、pp. 177〜182、pp. 245〜250、1983
33) 鉄道省熱海建設事務所：丹那トンネルの話（復刻版）、pp. 59〜61、pp. 166〜171、1995
34) K. Sugawara: Measuring rock stress and rock engineering in Japan,

Proc. Int. Symp. Rock Stress, Kumamoto, pp. 15〜24, Balkema, 1997

35) アイダン オメル・川本眺万：地殻および地球内部における重力による応力場について、第9回岩の力学国内シンポジウム講演論文集、pp. 635〜640、1994

36) 石田毅・金川忠：地殻応力測定結果にみられる岩盤の不均質性の影響、地震 第2輯 第40巻 3号、pp. 329〜339、1987

37) 赤司六哉・永津忠治・溝上健・古賀善雄：岩石及び岩盤の工学的諸性質、九州電力(株)総合研究所、研究報告書 No. 86004、p. 62、1986

38) 伊藤洋・新孝一：地盤物性値のばらつきとその影響評価―原子力発電所基礎地盤および周辺斜面の安定性―、電中研報告 No. U87058、p. 14、1985

39) 前出 37)、p. 58

40) 石田毅・金川忠・日比野敏：地下発電所地山応力測定とその考察、電中研報告 No. 382025、p. 7、1982。または、前出 36)、p. 332

41) 日比野敏・林正夫・本島睦：異方性岩盤（花崗岩類）における大規模空洞掘削時の岩盤挙動に関する考察、電中研報告 No. 379028、pp. 6〜18、1980

42) 日比野敏・本島睦・金川忠：節理の発達した花崗岩における大規模空洞掘削時の岩盤挙動の検討、電中研報告 No. 380034、pp. 4〜31、1981

43) 日比野敏：大規模空洞掘削時の岩盤挙動と地下空間利用の展望、資源と素材 第117巻、pp. 167〜175、2001

44) 前出 43)

45) 堀義直・宮越勝義：新高瀬川地下発電所の空洞掘削に伴う岩盤ゆるみ性状に関する検討、電中研報告 No. 376528、pp. 2〜17、1975

46) S. Hibino: Rock mass and its scales, Environmental Rock Engineering -The 1st Kyoto Int. Symp. on Underground Environment, Balkema, pp. 11〜18, 2003

47) 林正夫・日比野敏：地下掘削における岩盤の挙動解析、第15回発電水力講習会、pp. 125〜161、1973

48) 林正夫・北原義浩・日比野敏：粘塑性地山内でのトンネル覆工への経時的応力の解析法、第5回岩盤力学に関するシンポジウム、土木学会、pp. 82〜89、1969

49) 日比野敏：地下発電所における岩盤計測とその設計・施工への応用、第二回岩の力学講演会―現場における岩盤計測と設計・施工への応用―、日本学術会議力学研究連絡委員会、pp. 101〜127、1973

50) 日比野敏：大規模空洞の掘削時安定性と空洞の形状効果、物理探鉱 第31

巻 第4号、pp. 73〜83、1978
51) 堀部富男・小林良二：三軸圧縮下における夾炭層岩石の物理的性質（続報）、日本鉱業会誌 Vol. 76 No. 863、pp. 301〜304、1960
52) S. Hibino, M. Motojima & M. Hayashi: Proposed failure criterion and non-linear deformability relationship for rock and granular materials, GeoEng 2000, Melbourne, 2000
53) 日比野敏・本島睦：大規模空洞掘削時の岩盤挙動とライニング設計概念の提案、土木学会論文集 No. 481／Ⅲ-25、pp. 125〜134、1993
54) 前出 49)
55) 前出 30)、pp. 172〜176
56) 地盤工学会：岩盤構造物の情報化設計施工、地盤工学・実務シリーズ 16、地盤工学会、p. 4、2003
57) 土木学会：土木モニュメント見て歩き、土木学会誌 76巻 第13号付録、p. 52、p. 106、1991
58) 大崎茂芳：クモの糸のミステリー、中公新書、pp. 159〜176、2000
59) TADAO ANDO 安藤忠雄の美術館・博物館、美術出版社、p. 16、2003
60) 日経アーキテクチュア編、MIHO MUSEUM 日経 BP 社、pp. 37〜44、1996
61) 飛騨高山まつりの森への道編集委員会：飛騨高山まつりの森への道、KK ロングセラーズ、pp. 53〜54、1998
62) 中田金太・近久博志・吉本洋・小林薫：国内初の岩盤地下美術館 高山祭屋台美術館の計画、トンネルと地下 第27巻 3号、pp. 35〜41、1996
63) オールコック著・山田光朔訳：大君の都（上）、岩波文庫、p. 216、1962
64) 渡辺京二：逝きし世の面影、平凡社、p. 448、2005

MEMO

著者紹介

日比野 敏（ひびの さとし） 工学博士（京都大学）

昭和13（1938）年 愛知県犬山に生まれる
京都大学 工学部 鉱山学科卒業
同大学院 工学研究科 修士課程（鉱山学専攻）修了
(財)電力中央研究所 地下構造物研究室長、理事
東京工業大学 客員教授、山口大学 客員教授
イスルム（ISRM: International Society for Rock Mechanics, 国際岩の力学学会）副総裁
現在　(財)電力中央研究所 名誉特別顧問
[主な著書]
岩盤力学（技報堂、共著）
地下空間と人間（全4冊、土木学会、共同執筆、編集）
岩盤構造物の情報化設計施工（地盤工学会、共同執筆、編集）など
[趣味]
陶芸、ソバ打ちなど

技術者に必要な岩盤の知識

2007年9月20日　第1刷発行©
2009年5月20日　第2刷発行

著　者　　日比野　敏

発行者　　鹿島　光一

発行所　　鹿島出版会
　　　　　107-0052 東京都港区赤坂6丁目2番8号
　　　　　Tel. 03(5574)8600　振替 00160-2-180883
　　　　　無断転載を禁じます。
　　　　　落丁・乱丁本はお取替えいたします。

印刷・製本：創栄図書印刷
ISBN 978-4-306-02391-8　C3052　Printed in Japan

本書の内容に関するご意見・ご感想は下記までお寄せください。
URL：http://www.kajima-publishing.co.jp
E-mail：info@kajima-publishing.co.jp